인류 역사상 가장 중요한 수학책

사 제12, 13권

제2판

# 기하학원론

## 소진법과 정다면체

유클리드 지음 이무현 옮김

KYOWOO

# 머리말

유클리드가 쓴 [기하학 원론]은 인류 역사상 가장 중요한 수학책이다. 이는 논란의 여지가 없는 사실이다. [기하학 원론]이 왜 이토록 중요한가?

유클리드는 이집트 알렉산드리아에서 활동한 수학자이며, 서기전 300년 무렵에 사망하였다. 그 당시 알렉산드리아는 범그리스 제국에 속하였으며, 그리스의 철학, 수학, 천문학이 집대성되는 지식의 용광로였다. 유클리드가 당시 그리스의 수학 지식을 모두 모아서 체계적으로 분석하고 정리한 것이 [기하학 원론]이다. 기하학 뿐만이 아니라 비율, 약수, 배수, 서로 남남, 홀수, 완전수, 무리수 등등 수학의 모든 내용을 포괄적으로 담고 있다. 그 후 오늘날에 이르기까지 모든 수학을 지배하고 있는 수학의 근본 설계도가 바로 [기하학 원론]이다.

로마 제국이 멸망한 이후, 정작 유럽 본토에서 [기하학 원론]은 구해 보기가 어렵게 되었으며, 중동 이슬람 문화권에서 오히려 [기하학 원론]이 널리 보급되었다. 그 이후 중세 말, 르네상스 시대가 되면서, [기하학 원론]은 중동에서 유럽으로 역수입되었다. 처음에는 필사본으로서 보급되었으며, 최초의 인쇄본은 1482년에 이탈리아 베네치아에서 출판되었다. 그 후 수백 년 동안 유럽의 여러 국가, 여러 수학자들이 [기하학 원론]을 번역, 출판하여서, 온갖 다양한 판본들이 존재하게 되었으며, 그 내용도 일부 누락되거나 추가되는 등등 혼선이 빚어졌다.

다행히 영국의 토마스 히드가 그 모든 판본들을 종합, 참조하여서, [기하학 원론]을 영어로 번역, 출판하였다. 히드는 고대 그리스 수학에 관한 최고의 권위자로서, 유클리드, 아르키메데스, 아폴로니우스 등등 고대 그리스의 위대한 수학자들의 중요한 저작들을 번역, 출판하였다. 히드가 출판한 [기하학 원론]은 가히 [기하학 원론]의 최종적, 종합적 완결판이라 할 수 있다.

히드는 [기하학 원론]의 그리스어 원전은 물론이고, 많은 번역자, 편찬가들의 다양한 해석과 주석을 종합해 놓았다. 게다가 플라톤, 아리스토텔레스 등등 고대 철학자들의 다양한 저술들을 참조하여서, [기하학 원론]의 온갖 내용들에 관한 심오한 수학사적, 철학적 배경들을 다루어 놓았다. 이는 물론 고대 그리스 철학에 대한 심오한 지식을 갖추고 있는 히드만이 할 수 있는 일이며, [기하학 원론]을 더욱 풍성하고 값어치 있게 만들어주고 있다. 독자 여러분들은 이 책을 읽으면서, 히드의 심오하고 방대한 지식에 경탄을 금치 못할 것이다.

유클리드의 [기하학 원론]은 전부 13권으로 구성되어 있다.

제 1권에는 기하학의 기본 용어들에 대한 정의와 유클리드 기하학의 근본이 되는 공리들이 제시되어 있다. 1권의 내용 중에 가장 중요하고 가장 크게 논란이 된 부분은 평행선 공리인 '공리 5'이다. 후대의 수학자들은 2,000여 년 이상의 세월에 걸쳐서, 공리 5를 증명하려고 시도를 하였다. 그러나 비유클리드 기하학이 모순 없이 성립함이 밝혀지면서, 공리 5는 '증명할 수 없음'이 증명되었다. 바꿔 말하면, 유클리드가 평행선 공리를 공리로서 채택한 것은 올바른 결정이었다. 히드는 공리 5와 관련된 많은 수학자들의 증명 시도와 그 의의를 상세하고 일목요연하게 소개해 놓았다.

1권에서 그 다음으로 중요한 내용은 '피타고라스의 정리'이다. 유클리드는 독창적인 방법으로 피타고라스의 정리를 증명해 놓았는데, 그의 증명 방법은 오늘날에도 피타고라스의 정리를 증명하는 표준 방법으로서 가장 널리 사용되고 있다. 히드는 피타고라스의 정리의 기원과 그 역사, 유클리드가 새로운 증명 방법을 발견해야 했던 이유를 소상하게 설명해 놓았다.

제 2권에서는 이른바 '기하학적 대수학'을 도입해 놓았다. 오늘날 우리들은 알파벳을 사용하여 미지수를 나타내는 편리한 방법으로 대수학을 공부하지만, 이러한 기법이 도입된 것은 불과 수백 년 전이다. 그 이전에는 다른 방법으로 대수학을 연구해야 했는데, 고대 그리스에서는 고도로 발달한 기하학을 사용하여 대수학을 연구하였다. 2권은 그 내용을 담고 있다. 제 3권은 원의 성질을 다루고 있으며, 제 4권은 원에 내접, 외접하는 다각형을 다루고 있다.

제 5권은 비율 및 비례식을 다루고 있는데, 비율을 정의한 정의 5는 [기하학 원론]의 전체 내용 중에 평행선 공리에 이어 두 번째로 많은 논란과 혼동을 초래하였다. 그렇지만 사실 유클리드의 정의 5는 완벽하고 올바른 정의였다. 후대 수학자들이 혼란스러워한 까닭은, 그들의 노력과 이해력이 부족했기 때문이었다. 유클리드의 이 정의는 유리수의 조밀성을 사용하여 무리수 및 실수 체계를 예비해 주고 있다. 히드는 이 모든 사항들을 잘 정리하여 설명해 주고 있다. 제 6권은 닮은꼴 도형들을 다루고 있는데, 기하학적 대수학을 사용하여 이차방정식의 근의 공식을 제시하고 있다.

제 7권은 정수론을 다루고 있다. 홀수, 약수, 배수 등등을 다루고 있으며, 최대공약수, 최소공배수를 찾는 유클리드의 알고리듬을 제시해 놓았다. 제 8권은 정수들의 기하 수열을 다루고 있다. 제 9권은 7권,

8권의 내용들을 사용하여서, 홀수와 완전수를 다루어 놓았다. 근대의 많은 수학자들은 9권의 내용에 매혹되어서, 정수론 연구에 매달렸다.

제 10권은 무리수를 다루고 있다. 무리수를 처음 발견한 것은 피타고라스 학파였다. 피타고라스의 정리는 변의 길이가 1인 정사각형의 대각선이 무리수라는 필연의 결과를 낳고 말았으며, 이는 엄청난 충격과 공포를 초래하였다. 그러나 차츰 세월이 흘러가면서, 수학자들은 무리수라는 괴물을 분석하고 연구하기 시작하였다. 10권은 유클리드의 시대에 이르기까지의 그 연구 결과물이라고 하겠다.

제 11권에서는 입체 도형이 등장하여서, 삼차원 공간의 기하학을 다루기 시작한다. 제 12권에서는 이른바 '소진법'을 사용하여서, 입체 도형의 부피를 다루고 있다. 소진법은 정적분의 기본 기법이며, 유클리드 직후 세대의 수학자인 아르키메데스는 소진법을 사용하여서 구의 부피와 겉넓이 등을 구하였다. 제 13권에서는 다섯 개의 정다면체들을 소개해 놓았다.

오늘날과 같이 수학이 발달한 시대에, 우리 수학자들에게 [기하학 원론]이 왜 꼭 필요한가?

첫째, [기하학 원론]은 살아 있는 수학책이다. 현재 중학교, 고등학교에서 배우는 기하학은 모두 [기하학 원론]에서 나온다. 그러니 [기하학 원론]을 읽어 보면, 학교에서 다루는 내용을 좀더 폭넓게, 깊이 있게 이해할 수 있으며, 특히 수학 선생님들에게 [기하학 원론]은 필독서이다.

둘째, [기하학 원론]은 수학의 역사이며 족보이다. 어떤 이론을 배우든, 그것이 나오게 된 배경과 기원을 아는 것은 그것을 이해하는 데 크게 도움이 된다. [기하학 원론]은 오늘날 모든 수학의 조상이며, 수학의 근본 설계도이다.

셋째, [기하학 원론]은 살아 있는 철학이며 정신이다. 위대한 학자들의 위대한 저작물을 읽으면, 우리는 그 학자의 정신과 고뇌를 읽을 수 있다. 유클리드의 위대한 정신, 그리고 그것을 더욱 풍성하게 열매 맺게 한 히드의 노고는 우리 모든 수학자들에게 꼭 필요한 영양제라고 하겠다.

이 책을 출판해 주신 교우사 오판근 사장님과 책을 만드느라 고생을 하신 편집부 모든 분들께 깊이 감사를 드린다. 이 책을 구입해 주신 독자 분에게 깊이 감사를 드린다. 모든 책은 그 책을 구해 보는 독자들 덕분에 존재할 수 있으며, 본 [기하학 원론]이 20여 년 전에 출판된 이후 이제 개정판이 나오게 된 것도 모두 독자 여러분들의 성원 덕분이다.

본 번역자는 이 책을 번역하면서, 유클리드와 토마스 히드의 정신을 살리기 위하여 최선의 노력을 다하였다. 독자 여러분들이 이 책을 읽으면서, 유클리드와 토마스 히드의 정신과 철학을 흠뻑 만끽하기 바란다. 이 책의 모든 공은 유클리드와 토마스 히드의 몫이며, 모든 과는 본 번역자의 몫임을 밝히는 바이다.

번역자 이무현 씀.

# 차례

# 제12권에 대한 전반적인 해설

제 12권의 가장 뚜렷한 특징은 이른바 '소진법(method of exhaustion)'을 쓰는 것이다. 법칙 2, 3, 4, 5, 10, 11, 12에서 소진법을 쓰고 있으며, 법칙 16, 17, 18에서는 약간 다른 형태로 쓰고 있다. 그러니 12권의 내용에 관해서, 유클리드는 유독수스에게 큰 신세를 졌다. 소진법을 발견한 사람이 유독수스이기 때문이다. 유독수스가 소진법을 발견했다는 증거는, 주로 아르키메데스로부터 나온다.

(1) 아르키메데스가 쓴 [구와 원기둥]을 보면, 구의 표면의 넓이 또는 표면 일부분의 넓이, 지름과 높이가 같은 수직 원기둥의 겉넓이와 부피, 그리고 그것과 지름이 같은 구의 겉넓이와 부피와의 비교 등등 아르키메데스 자신이 얻은 중요한 결과들을 소개한 다음에, 그는 다음과 같이 덧붙여 놓았다.

"이 입체들이 이러한 성질을 가짐을 발견하였는데, 나는 이것들을 내가 옛날에 발견한 것들과 '유독수스가 입체들에 대해서 정립해 놓은 법칙들'과 나란히 놓고서 비교해 보고 싶다. 유독수스는 입체들의 부피에 대한 다음 법칙들을 의심할 여지가 없도록 확립해 놓았다.

"각뿔의 부피는 밑면이 같고 높이가 같은 각기둥 부피의 삼분의 일이다." (즉 [기하학 원론] 12권 법칙 7) "원뿔의 부피는 밑면이 같고 높이가 같은 원기둥 부피의 삼분의 일이다." (즉 [기하학 원론] 12권 법칙 10) 이러한 성질은 입체들 고유의 본성이며 원래부터 있었지만, 유독수스 이전에 유능한 기하학자들이 많이 있었음에도 불구하고, 아무도 이 사실을 관찰하거나 알아차리지 못 했다."

(2) 아르키메데스가 쓴 [포물선 도형의 넓이]의 서문을 보면, 아르키메데스는 그가 받아들인 '법칙'을 적어 놓았다. 이 법칙은 '아르키메데스의 공리'라고 불린다. (10권 법칙 1 해설 참조.) 그리고 나서, 다음과 같이 적어 놓았다.

"옛날의 기하학자들도 이 법칙을 사용하였다. 그들은 이것과 같은 법칙을 써서, 다음 법칙들을 증명하였다.

"원들의 넓이 비율은 그들 지름의 길이 비율의 두 겹(제곱)과 같다." (기하학 원론 12권 법칙 2) "구(공)들의 부피 비율은 그들 지름의 길이 비율의 세 겹(세제곱)과 같다." (기하학 원론 12권 법칙 18)

그리고 이것과 비슷한 어떤 법칙을 써서 다음 법칙들을 증명하였다. "각뿔은 그것과 밑면이 같고 높이가 같은 각기둥의 삼분의 일이다." (기하학 원론 12권 법칙 7) "원뿔은 그것과 밑면이 같고 높이가 같은 원기둥의 삼분의 일이다." (기하학 원론 12권 법칙 10)"

(1)을 보면, [기하학 원론] 12권의 법칙 7, 법칙 10은 유독수스가 증명하였음이 확실하다. 그리고 (2)를 보면, 옛날의 기하학자들이 '아르키메데스의 공리' 또는 이와 비슷한 법칙을 써서 두 개의

법칙들을 증명하였다고 하는데, 유독수스가 제시한 그 증명 방법 이외의 다른 증명 방법을 가리킬 리는 절대 없다. 유클리드가 이 법칙들(12권 법칙 3, 4, 5, 7, 10)을 증명하는 데 쓴 것은 10권 법칙 1이다. 10권 법칙 1과 '아르키메데스의 공리' 사이의 관계는, 10권 법칙 1의 해설을 참조하기 바란다.

그렇지만 소진법을 써서 얻은 결과들이 유독수스 이전에는 전혀 알려지지 않았다는 말은 아니다. 최소한 [기하학 원론] 12권 법칙 2, 법칙 7은 그 이전부터 알려져 있었다.

(가) 심플리치우스가 인용해 놓은 것을 보면([아리스토텔레스의 [자연학]에 대한 해설]), 유데무스는 [기하학의 역사]라는 책을 썼는데, 거기에 보면, 키오스의 히포크라테스가 닮은꼴 활꼴들의 넓이 비율이 그 변들로 만든 정사각형들의 넓이 비율과 같음을 최초로 증명하였으며, 그는 원들의 넓이 비율이 그 지름들로 만든 정사각형들의 넓이 비율과 같음을 증명하여서 이것을 보였다고 한다.

히포크라테스가 어떻게 이 법칙을 증명하였는지는 알 수 없다. 그렇지만 앞에서 인용해 놓은 아르키메데스의 말을 보면, 우리가 알고 있는 완벽한 형태의 소진법을 히포크라테스가 사용했을 리는 없다.

(나) 각뿔과 원뿔의 부피에 관한 법칙들은 유독수스가 처음 증명했다고 하는데, 이것에 관해서는 믿을 만한 증거가 있다. 아르키메데스가 쓴 논문의 필사본을 하이베르그가 1906년에 콘스탄티노플에서 발견하였다. (하이베르그가 편찬한 [아르키메데스 전집] 또는 히드가 편찬한 아르키메데스의 [Method]를 참고하기 바란다.)

그 논문의 제목은 "아르키메데스가 역학적 방법의 법칙들을 에라토스테네스에게"이며, 핵심 사항들이 빠짐없이 들어 있다. 그 논문은 에라토스테네스에게 이 '역학적 방법'을 설명하고 있다. 수이다스에 따르면, 테오도시우스도 이것에 대한 해설을 썼으며, 헤론이 쓴 [Metrica]에도 이것이 여러 번 인용되었다. 그 논문의 발견은 적분학의 역사에 새롭고 중요한 장을 열어 주고 있다.

그 논문의 서두에서, 아르키메데스는 어떤 법칙을 언급하고 있다. 아르키메데스는 처음에 역학적인 방법으로 그 법칙을 발견하였지만, 나중에 기하학적으로 증명하였다. 역학적인 방법으로 조사하는 것은 엄밀한 증명이 될 수 없기 때문이다. 그렇지만 그는 법칙들을 '발견'하는 데 역학적인 방법을 유용하게 쓸 수 있음을 알아차렸다. 그리고 증명하고자 하는 사실을 발견해 놓아야, 엄밀하게 증명하는 것이 훨씬 쉬워진다. 아무것도 아는 게 없다면, 어디서부터 시작해야 한단 말인가?

아르키메데스는 계속해서 말했다. "그러니 유독수스가 처음 증명한 법칙들의 경우도, 즉 원뿔의 부피는 밑면이 같고 높이가 같은 원기둥 부피의 삼분의 일이고, 각뿔의 부피는 밑면이 같고 높이가 같은 각기둥 부피의 삼분의 일이라는 법칙들의 경우도, 데모크리투스의 공로가 아주 큼을 인정해야 한다. 이 입체들의 부피에 관한 법칙들을 처음 주장한 사람이 데모크리투스이다. 그렇지만 그는 증명하지는 않았다."

그러니 이 두 법칙을 발견한 사람은 데모크리투스이다. 그가 "증명하지는 않았다."는 말은, 데모크리투스가 전혀 증명을 하지 않았다는 뜻은 아니고, 후대 사람들이 보기에 그의 증명은 만족할 만큼 엄밀하지가 못 했다는 뜻이다. 아르키메데스 자신이 역학적인 방법으로 조사한 것에 대해서도 이렇게 말했다. 그렇지만 그것도 논리적인 추론이다.

아르키메데스의 역학을 이용한 추론의 성격과, 무한소에 관한 어떤 문제를 데모크리투스가 제기하였다는 플루타크의 글을 결합해서 보면, 각뿔에 관한 데모크리투스의 추론을 추측해 볼 수 있다. 그 논문에 나오는 아르키메데스의 역학적인 추론의 핵심은, 어떤 도형의 넓이를 무한히 많은 평행선들(넓이를 구하고자 하는 도형의 안에 놓여 있으며, 그 도형의 경계선에서 끝이 나는 선분들)의 합으로 보고, 어떤 입체의 부피를 무한히 많은 평행 단면들의 합으로 보는 것이다.

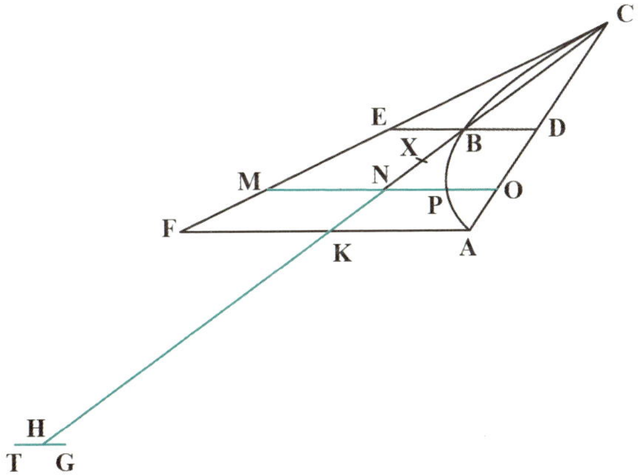


우리가 적분을 해서 도형의 넓이를 구할 때, 그 폭이 $dx$ 인 (여기서 $dx$ 는 한없이 작다.) 무한히 많은 개수의 가는 띠들의 합을 구하고, 또는 입체의 부피를 구할 때, 그 두께가 $dz$ 인 (여기서 $dz$ 는 한없이 작다.) 무한히 많은 개수의 얇은 막들의 합을 구하는 것

과 마찬가지이다. 예를 들어, 포물선을 현으로 잘랐을 때 생기는 도형의 넓이를 구해 보자.

CBA가 포물선으로 만든 활꼴이라고 하자. 점 C에서 포물선에 접하도록 직선 CE를 긋고, 현 AC의 중점을 D라 하고, D에서 직선 DBE를 그어서, 이 직선이 직선 CE와 만나는 점을 E라 하자. 그러면 이 때

$$EB = BD$$

DE에 평행하도록 AF를 긋고, CE를 길게 늘인 직선과 이 직선이 만나는 점을 F라 하자. CB를 길게 늘여서 AF와 만나는 점을 K라 하고, 계속 길게 늘여서 CK = KH가 되도록 잡아라. 그리고 CH가 지렛대라고 상상해라. 임의의 지름 MNPO를 그어서, 이 직선이 선분 CF, 선분 CK, 포물선, 선분 CA와 만나는 점을 각각 M, N, P, O라 하자.

이 때 다음 비례식이 성립함을 아르키메데스는 관찰하였다.

$$CA : AO = MO : OP$$

(“이것은 보조 법칙에서 증명해 놓았다.”) 그러므로

$$HK : KN = MO : OP$$

그러니 PO와 길이가 같도록 선분 TG를 잡아서, TG의 중점이 H에 놓이도록 해라. 그러면 선분 MO의 중점은 N이고, 선분 TG의 중점은 H인데, 이 두 선분은 K를 받침점으로 한 지렛대 NH에서 균형을 이룬다. 모든 지름들에 대해서 이런 식으로 곡선과 CA 사이에 놓이는 부분을 잡아서, 그것과 길이가 같은 선분을 중점이 H에 놓이도록 하고, 그 지름들을 모두 자신의 위치에 두면(즉 FA에 평행하도록 선분들을 그어서, 삼각형 CFA 안에 놓이는 선분들

을, 자신의 그 위치에 그대로 놓아 둠), 이들은 K를 받침점으로 한 지렛대에서 균형을 이룬다.

그러니 포물선 활꼴의 넓이 모두를 모아서 H에 달아 둔 것과, 삼각형 CFA의 넓이 모두를 모아서 그 삼각형의 무게중심 X에 달아 둔 것은, K를 받침점으로 한 지렛대에서 균형을 이룬다고 아르키메데스는 추론하였다. 그런데 무게중심 X는 CK = 3XK를 만족한다. 그러므로

삼각형 CFA의 넓이 : 활꼴 CBA의 넓이 = HK : KX = 3 : 1

그러므로

$$\text{활꼴 CBA의 넓이} = \frac{4}{3}\triangle ABC$$

선분들 대신에 단면들을 써서, 입체들의 부피를 계산하는 데에도 이와 똑같은 논리를 적용하였다. 아르키메데스는 이러한 추론은 '증명'이 아니라고 조심스럽게 다시 강조하였다. 포물선 활꼴의 넓이에 관한 이 법칙을 소개하고, 맨 끝에 가서, "방금 말한 것들이 이 성질을 증명한 것은 아니다. 그러나 이 결론이 옳음을 나타내 주는 '지표'라고 할 수 있다."고 덧붙여 놓았다.

이제 플루타크가 데모크리투스에 대해서 쓴 글을 보자. 플루타크에 따르면, 데모크리투스는 자연 철학에서 다음 문제를 제기하였다고 한다. "만약 원뿔을 밑면에 나란한 평면으로 자르면(밑면과 한없이 가까이에서 자름을 뜻함이 명백하다), 그 단면들은 어떻게 되는가? 서로 같은가? 아니면 다른가? 만약 서로 다르다면, 원뿔은 불규칙한 모양이 된다. 마치 계단처럼 울툭불툭하고 매끄럽지 않

게 된다. 그러나 만약 서로 같다면, 원뿔은 원기둥의 성질을 가지게 되어서, 서로 다른 원들이 아니라 똑같은 원들로 만들어지게 된다. 이것은 매우 이상하다."

똑같은 원들로 만들어지게 된다는 대목을 보면, 데모크리투스는 한없이 많은 평행한 평면들을 더한 것이 입체라는 개념을 갖고 있었음을 알 수 있다. 즉 한없이 얇은 막들을 한없이 가까이 층층이 쌓은 것이다. 이러한 개념을 예견하여서, 아르키메데스는 그렇게 유용한 결과들을 낳았다. 데모크리투스의 논리를 각뿔에 적용해 보면, 만약 두 개의 각뿔이 높이가 같고 밑면이 같은 삼각형이라면, 그 높이들을 같은 비율로, 밑면에 평행한 평면들로 자르면, 두 각뿔의 대응하는 단면들이 서로 같음을 알 수 있다. 그러니 두 개의 각뿔이 같은 개수의 무한히 많은 합동인 단면들, 즉 한없이 얇은 막들로 구성되어 있음을 알 수 있다. (카발리에리(Cavalieri)의 원리의 특별한 경우가 된다. 카발리에리의 원리란, 두 개의 도형이나 두 개의 입체가 있어서, 그들을 어떠한 높이에서 자르든, 같은 높이에서 잘랐을 때 길이가 같은 선분이나 합동인 면이 나오면, 그들의 넓이 또는 부피가 같음을 말한다.) 주어진 각뿔과 밑면이 같고 높이가 같은 각기둥을 셋으로 쪼개서 만든 각기둥들이 (12권 법칙 7에서처럼) 이 조건을 만족함을 데모크리투스는 쉽게 알아차렸을 테니, 각뿔의 부피가 각기둥 부피의 삼분의 일임을 알았을 것이다. 밑면이 일반적인 다각형인 경우로 확장하는 것은 쉽다. 원뿔의 경우는 밑면에 내접하는 정다각형들의 변의 개수를 무한히 늘려가는 방법으로, 데모크리투스는 자연스럽게 이 결과를 얻었을 것이다. (물론 엄밀하게 증명하지는 못 했을 것이다.)

# 12권

소진법

## 법칙

**법칙 1**

닮은꼴 다각형들을 원에다 내접시키면, 그들의 넓이 비율은 원의 지름으로 만든 정사각형들의 넓이 비율과 같다.

증명 원 ABC, FGH가 있는데, 닮은꼴 다각형 ABCDE, FGHKL이 이 원들에 내접하고 있다고 하자. 이 원들의 지름을 BM, GN이라 하자. 그러면 BM으로 만든 정사각형과 GN으로 만든 정사각형의 넓이 비율은 다각형 ABCDE와 다각형 FGHKL의 넓이 비율과 같음을 보이겠다. 선분 BE, AM, GL, FN을 그어라. 다각형 ABCDE와 다각형 FGHKL은 닮은꼴이니, 각 BAE와 각 GFL은 크기가 같고, BA와 AE의 비율은 GF와 FL의 비율과 같다. [6권 정의 1] 그러므로 두 삼각형 BAE, GFL이 있는데, 각 BAE와 각 GFL의 크기가 같고, 같은 크기의 각을 끼고 있는 변들의 길이가 비례한다. 그러므로 삼각형 ABE와 삼각형 FGL은 각들의 크기가 같다. [6권 법칙 6] 그러므로 각 AEB와 각 FLG는 크기가 같다.

그런데 각 AEB는 각 AMB와 크기가 같다. 왜냐 하면, 이들은 같은 호에 대한 원주각이기 때문이다. [3권 법칙 27] 마찬가지 이유로 각 FLG는 각 FNG와 크기가 같다. 그러므로 각 AMB와 각 FNG는 크기가 같다.

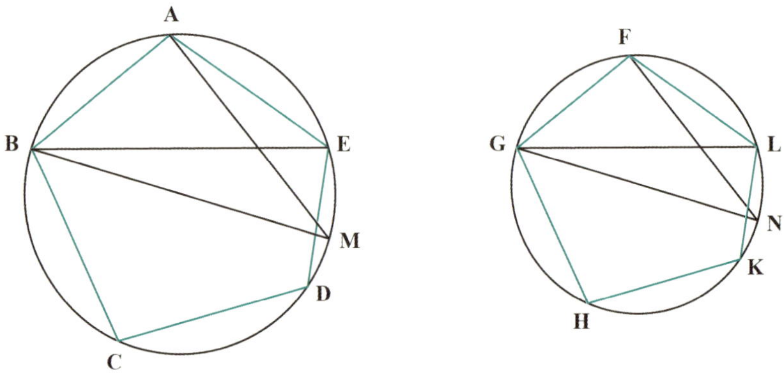


그런데 각 BAM과 GFN은 둘 다 직각이니 크기가 같다. [3권 법칙 31] 그러므로 두 삼각형 ABM, FGN이 있는데, 나머지 한 각도 나머지 한 각과 크기가 같으며 [1권 법칙 32], 따라서 이 두 삼각형은 각들의 크기가 서로 같다. 그러므로 BM과 GN의 비율은 BA와 GF의 비율과 같다. [6권 법칙 4] 그런데 BM으로 만든 정사각형과 GN으로 만든 정사각형의 넓이 비율은 BM과 GN의 비율의 두 곱이다. 그리고 다각형 ABCDE와 다각형 FGHKL의 넓이 비율은 BA와 GF의 비율의 두 곱이다. [6권 법칙 20] 그러므로 BM으로 만든 정사각형과 GN으로 만든 정사각형의 넓이 비율은 다각형 ABCDE와 다각형 FGHKL의 넓이 비율과 같다.

그러므로 이 법칙이 성립한다. □

해설 여기서부터 나오는 법칙들은 증명 과정이 상당히 길다. 나는 그것을 요약해 놓아서 쉽게 따라갈 수 있도록 하겠다.

우리는 우선, 대응하는 변들의 길이 비율이 지름들의 길이 비율과 같음을 보여야 한다.

각 BAE와 각 GFL은 크기가 같고, 이 각들을 끼고 있는 변들의 길이가 비례하니, △ABC와 △FGL은 각들의 크기가 같다. (닮은꼴이다.) 그러므로

$$\angle AEB = \angle FLG$$

그런데 같은 활꼴의 원주각들은 크기가 같으니, 각 AMB와 각 FNG도 크기가 같다.

그리고 각 BAM, 각 GFN은 직각이니 크기가 같다.

그러므로 △ABM, △FGN은 각들의 크기가 같다. (닮은꼴이다.) 따라서

$$BM : GN = BA : GF$$

이 비율들의 두 겹(제곱)들도 서로 같으니,

다각형 ABCDE : 다각형 FGHKL = 비율 (BA : GF)의 제곱
= 비율 (BM : GN)의 제곱
= $BM^2 : GN^2$

**법칙 2**

**원들의 넓이 비율은 원의 지름으로 만든 정사각형들의 넓이 비율과 같다.**

증명 두 원 ABCD, EFGH가 있는데, 이 원들의 지름이 BD, FH라 하자. 그러면 원 ABCD와 원 EFGH의 넓이 비율이 BD로 만든 정사각형과 FH로 만든 정사각형의 넓이 비율과 같음을 보여야 한다.

만약 BD로 만든 정사각형과 FH로 만든 정사각형의 넓이 비율

이 원 ABCD와 원 EFGH의 넓이 비율과 다르면, BD로 만든 정사각형과 FH로 만든 정사각형의 넓이 비율과 같은 비율이 되도록 하려면 원 ABCD는 원 EFGH보다 더 넓거나 또는 더 좁은 넓이와 비율을 구해야 한다. 우선, 더 좁은 넓이인 S와 비율을 구해야 그 비율과 같아진다고 하자.

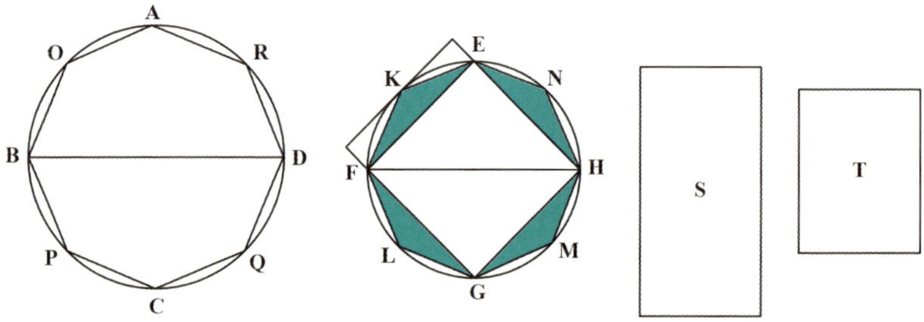


원 EFGH의 안에 정사각형 EFGH를 내접시켜라. 이 정사각형의 넓이는 원 EFGH의 넓이의 절반보다 더 넓다. 왜냐 하면, 점 E, F, G, H에서 원에 접하도록 선분을 그으면 원에 외접하는 정사각형이 생기는데, 정사각형 EFGH의 넓이는 원에 외접하는 정사각형 넓이의 절반이며, 원의 넓이는 원에 외접하는 정사각형 넓이보다 더 좁기 때문이다. 호 EF, FG, GH, HE를 이등분하는 점을 K, L, M, N이라 하자. 선분 EK, KF, FL, LG, GM, MH, HN, NE를 그어라. 그러면 삼각형 EKF, FLG, GMH, HNE의 넓이는 이들을 포함하는 활꼴의 넓이의 절반보다 더 넓다. 왜냐 하면, 점 K, L, M, N에서 원에 접하도록 선분을 그어서, 선분 EF, FG, GH, HE를 한 변으로 하는 직사각형들을 만들면, 삼각형 EKF, FLG, GMH, HNE의 넓이는 이 직사각형 넓이의 절반인데, 이 삼각형을 포함하는 활꼴의 넓이는 직사각형 넓이보다 더 좁기 때문이다. 그러므로 삼각형 EKF, FLG, GMH, HNE의 넓이는 이들을 포함하는 활꼴의 넓이의 절반보다 더 넓다.

호들을 이등분하고 그 점들을 선분으로 잇는 과정을 계속해라. 이 과정을 계속 되풀이하면, 남아 있는 조그마한 활꼴들을 다 더해도 그 넓이가 원 EFGH의 넓이에서 S의 넓이를 뺀 것보다 더 작도록 만들 수 있다. 왜냐 하면, 10권 법칙 1에서 증명하였듯이, 크기가 다른 두 양을 주었을 때, 큰 양에서 자신의 절반 이상을 빼고, 남는 것에서 또 절반 이상을 빼고, 남는 것에서 또 절반 이상을 빼고, 이 과정을 계속 되풀이하면 남는 것이 얼마든지 작아져서 주어진 작은 양보다 더 작아지도록 할 수 있기 때문이다.

남는 것이 우리가 원하는 만큼 작아졌다고 하자. 즉 활꼴 EK, KF, FL, LG, GM, MH, HN, NE를 다 더한 넓이가 원 EFGH의 넓이에서 S의 넓이를 뺀 것보다 더 작다고 하자. 그러면 다각형 EKFLGMHN의 넓이가 S의 넓이보다 더 넓다. 원 ABCD에다 다각형 EKFLGMHN과 닮은꼴 다각형 AOBPCQDR을 내접시켜라. 그러면 BD로 만든 정사각형과 FH로 만든 정사각형의 넓이 비율은 다각형 AOBPCQDR과 다각형 EKFLGMHN의 넓이 비율과 같다. [12권 법칙 1] 그런데 BD로 만든 정사각형과 FH로 만든 정사각형의 넓이 비율은 원 ABCD와 S의 넓이 비율과 같다. 그러므로 원 ABCD와 S의 넓이 비율은 다각형 AOBPCQDR과 다각형 EKFLGMHN의 넓이 비율과 같다. [5권 법칙 11] 그러므로 바꾼 비례식에 따라서 원 ABCD와 그에 내접하는 다각형 AOBPCQDR의 넓이 비율은 S와 다각형 EKFLGMHN의 넓이 비율과 같다.

그런데 원 ABCD의 넓이는 그에 내접하는 다각형의 넓이보다 더 넓다. 그러므로 S의 넓이도 다각형 EKFLGMHN의 넓이보다 더 넓다. 그러나 S의 넓이가 더 작으니, 이건 모순이다.

그러므로 BD로 만든 정사각형과 FH로 만든 정사각형의 넓이 비율과 같게 하려면, 원 ABCD는 원 EFGH보다 더 작은 넓이와 비율을 구하면 안 된다. 마찬가지 방법으로 FH로 만든 정사각형과 BD로 만든 정사각형의 넓이 비율과 같게 하려면, 원 EFGH는 원 ABCD보다 더 작은 넓이와 비율을 구하면 안 됨을 보일 수 있다.

그 다음, 원 ABCD의 넓이는 원 EFGH보다 더 큰 넓이와 비율을 구하면 BD로 만든 정사각형과 FH로 만든 정사각형의 넓이 비율과 같을 수 없음을 보이겠다. 만약에 이게 가능하다면, 더 넓은 S와 비율을 구해야 같아진다고 하자.

그러면 역으로 FH로 만든 정사각형과 DB로 만든 정사각형의 넓이 비율은 S와 원 ABCD의 넓이 비율과 같다. 그런데 S와 원 ABCD의 넓이 비율은 원 EFGH와 원 ABCD보다 더 작은 어떤 넓이와의 비율과 같다. 그러므로 FH로 만든 정사각형과 BD로 만든 정사각형의 넓이 비율은 원 EFGH와 원 ABCD보다 더 작은 어떤 넓이와의 비율과 같다. [5권 법칙 11] 그러나 이건 불가능함을 증명하였다. 그러므로 BD로 만든 정사각형과 FH로 만든 정사각형의 넓이 비율과 같게 하려면, 원 ABCD는 원 EFGH보다 더 큰 넓이와 비율을 구하면 안 된다. 그리고 원 EFGH보다 더 작은 넓이와 비율을 구해도 안 됨을 보였다. 그러므로 BD로 만든 정사각형과 FH로 만든 정사각형의 넓이 비율은 원 ABCD와 원

EFGH의 넓이 비율과 같다.

그러므로 이 법칙이 성립한다. □

해설 히포크라테스가 이 법칙을 증명하였다고 하지만, 유클리드가 제시해 놓은 증명은 유독수스의 것임이 확실하다. 아르키메데스는 12권 법칙 7, 딸린 법칙, 12권 법칙 10을 유독수스가 증명하였다고 (유클리드는 똑같은 방법으로 증명해 놓았다.) 분명하게 말했다. 여기서 증명하는 데 쓰인 법칙(10권 법칙 1)과, 12권 법칙 2, 법칙 7, 딸린 법칙, 법칙 18을 증명하는 데 썼다고 아르키메데스가 말한, 이것과 약간 다른 법칙에 대해서는, 10권 법칙 1 해설을 참조하기 바란다.

이 법칙을 증명하는 데 핵심이 되는 첫 단계는, 원에다 정다각형들을 차례차례 내접시켜서, 변의 개수가 계속 두 배가 되도록 하면, 10권 법칙 1의 의미로 원을 '소진'할 수 있음을 보이는 일이다. 우선 정사각형을 내접시킨다. 그 다음에 각각의 변을 대하는 호를 이등분하여서, 여덟 개의 변을 가진 정팔각형을 내접시킨다. 마찬가지 과정을 되풀이하여서, 정십육각형을 내접시킨다. 이렇게 계속해 나간다. 원에서 이렇게 내접한 정다각형을 빼면 남는 부분이 있는데, 다음 번 정다각형을 만들어서 빼면, 남은 부분이 '절반보다 더 많이 소진되었음'을 보여야 한다.

유클리드는 내접한 정사각형이 원의 절반보다 더 큼을 보이고, 정팔각형을 빼면 정사각형을 빼었을 때 남은 것들이 절반보다 더 많이 사라짐을 보였다. 그리고 변의 개수가 두 배가 되면 계속 이

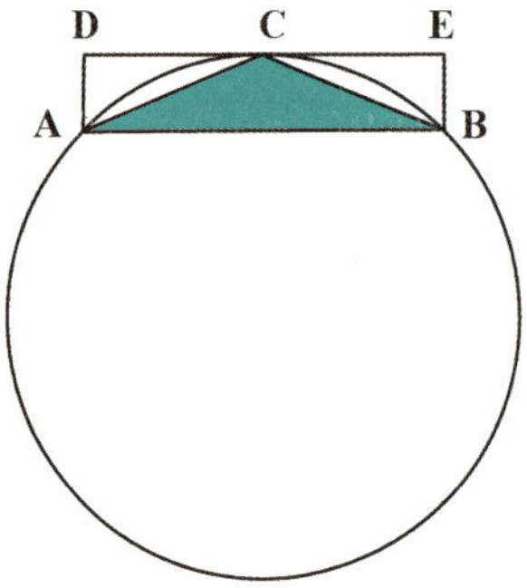


런 일이 일어난다고 말했다.

임의의 현 AB가 잘라서 생긴 활꼴에 대해서, 이 성질이 성립함을 보일 수 있다. 호의 중점 C를 잡아라. C에서 원에 접하도록 직선을 긋고, 이 접선에 수직이 되도록 AD, BE를 그어라. 선분 AC, CB를 그어라. 그러면 DE와 AB는 서로 평행하다. 왜냐 하면, 각 ECB와 각 CAB는 3권 법칙 32에 따라서 크기가 같고, 3권 법칙 29, 1권 법칙 5에 따라서 이것은 각 CBA와 크기가 같기 때문이다. 그러므로 ABED는 평행사변형이다. (사실은 직사각형이다.) 그리고 사각형 ABED는 활꼴 ACB보다 더 크다. 그러므로 사각형 ABED의 절반인 삼각형 ACB는 활꼴의 절반보다 더 크다. 그러므로 10권 법칙 1에 따라서, 정다각형의 변의 개수를 계속 두 배씩 늘려가는 일을 되풀이하면, 아무리 작은 넓이를 주더라도, 남은 활꼴들을 더한 것이 주어진 넓이보다 더 작아지도록 할 수 있다.

이제 두 원의 넓이를 각각 X, X'라 하고, 원의 지름을 각각 d, d'라 하자. 만약에

$$X : X' \neq d^2 : d'^2$$

이면, X'보다 더 크거나 또는 더 작은 S가 있어서,

$$d^2 : d'^2 = X : S$$

가 될 것이다.

(1) $S < X'$라 하자.

원 X'의 내부에 정다각형들을 내접시키는 일을 계속하여서, 남은 활꼴들을 더한 것이 X'에서 S를 뺀 것보다 더 작아지도록 해라. 바꿔 말하면,

$$X' > X' \text{ 속의 정다각형} > S$$

가 되도록 해라.

X' 속의 정다각형과 닮은꼴인 정다각형을 원 X에 내접시켜라. 그러면

X 속의 정다각형 : X' 속의 정다각형 = $d^2 : d'^2$ [12권 법칙 1]

= X : S가정에 따라서

비례식을 바꾸면,

X 속의 정다각형 : X = X'속의 정다각형 : S

그런데 X 속의 정다각형 < X

그러므로 X' 속의 정다각형 < S

그러나 X' 속의 정다각형 > S

가 되도록 잡았으니, 모순이 생겼다.

그러므로 S는 X'보다 작을 수가 없다.

(2) $S > X'$라 하자.

$$d^2 : d'^2 = X : S$$

이니, 역으로 $d'^2 : d^2 = S : X$

여기서 $S : X = X' : T$

라 하자. 그러면 $S > X'$이니, $X > T$이다. [5권 법칙 14]

따라서 $d'^2 : d^2 = X' : T$

이고, $T < X$이다.

(1)에서 증명한 것과 마찬가지로, 이것은 불가능함을 보일 수 있다.

그러므로 S는 X'보다 클 수가 없다. S는 X'보다 클 수도, 작을 수도 없으니, $S = X'$여야 한다. 그러므로

$$d^2 : d'^2 = X : X'$$

비례식 $d^2 : d'^2 = X : S$를 만족하는 넓이 S가 실제로 '존재한다'는 가정에 대해서는, 바꿔 말하면 $d^2$, $d'^2$, X에 비례하는 네 번째 양이 존재한다는 가정에 대해서는, 심슨의 관찰에 따르면, 이 경우는 물론 이와 비슷한 경우에, 이러한 추론에 쓰인 사물이 실제로 존재할 수만 있으면, 기하학적으로 작도해서 보일 수 없더라도 충분하다. 이 가정에 대해서는, 5권 법칙 18 해설을 참조하기 바란다.

유클리드는 두 번째 경우가 불가능함을 첫 번째 경우를 이용하여 증명하였다. 만약 두 번째 경우를 따로 증명하려면, 내접하는 정다각형들 대신에 외접하는 정다각형들을 사용해야 한다. 아르키메데스가 쓴 [원의 측정]의 첫 번째 법칙에 이러한 방법이 나온다. 물론 전제 조건으로, 12권 법칙 1에 대응하는 법칙이 성립함을 보여야 한다. 즉

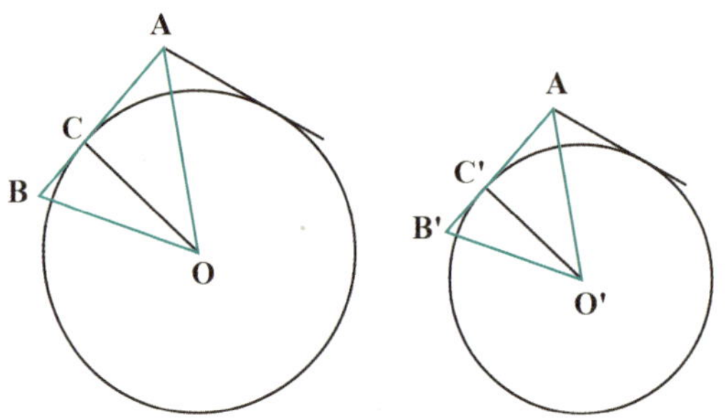


"원들에다 닮은꼴 다각형들을 외접시키면, 그들의 넓이 비율은 원의 지름으로 만든 정사각형들의 넓이 비율과 같다."

두 개의 닮은꼴 다각형들이 있는데, AB와 A'B'가 대응하는 변들이라고 하자. 그러면 각 OAB와 각 O'A'B'는 크기가 같다. 선분 AO, 선분 A'O'가 같은 크기의 각들을 이등분하기 때문이다.

마찬가지로, ∠ABO = ∠A'B'O'

그러므로 △AOB와 △A'O'B'는 서로 닮은꼴이다. 그러므로 이들의 넓이 비율은 AB와 A'B'의 길이 비율의 두 겹(제곱)이다. 반지름 OC, O'C'는 AB, A'B'가 접하는 점으로 그었으며, AB, A'B'와 수직이다. 그러므로

AB : A'B' = CO : C'O'

그러므로 다각형들의 넓이 비율은 반지름들의 길이 비율의 제곱과 같으며, 따라서 지름들의 길이 비율의 제곱과 같다.

이제 원에 외접하도록 사각형 ABCD를 그렸다고 하자.

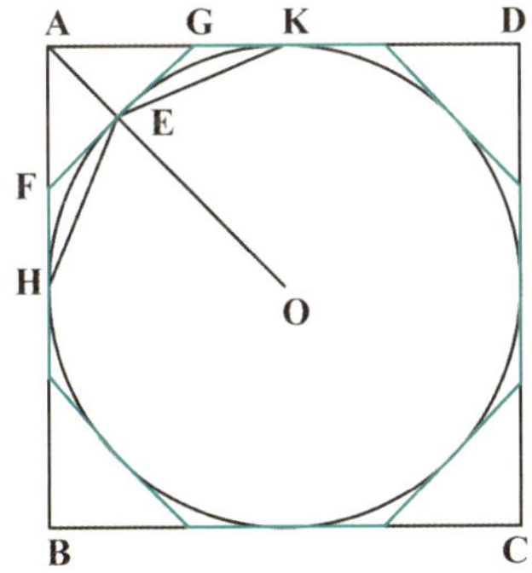


선분 OA를 긋고, 이게 원둘레와 만나는 점 E를 잡고, E에서 접선을 그어라. 다른 점들에 대해서도 마찬가지로 이렇게 접선을 그어서, 외접하는 정팔각형을 만들어라.

선분 AH, 선분 AK와 호 HEK가 만드는 도형의 절반 이상을 E에서의 접선이 잘라 냄을 보이겠다.

각 AEG는 직각이니, 각 EAG보다 더 크다.

그러므로 AG > EG = GK

그러므로 △AGE > △EGK

마찬가지로, $\triangle AFE > \triangle EFH$

그러므로 삼각형 AFG는 오목한 사각형 AHEK의 절반보다 더 크다. 그러므로 삼각형 AFG는 선분 AH, 선분 AK, 호 HEK가 만드는 도형의 절반보다 더욱더 크다.

그러므로 정팔각형을 잡으면, 외접하는 정사각형과 원 사이 도형의 절반 이상을 잘라 내게 된다. 마찬가지 이유로, 외접하는 정십육각형을 잡아서 정팔각형의 귀퉁이를 잘라 내면, 정팔각형과 원 사이 도형의 절반 이상을 잘라 내게 된다.

앞에서 쓴 기호를 다시 사용해서,

$$d^2 : d'^2 = X : S$$

라고 하자. 그리고 S가 X'보다 더 크다고 하자.

원 X'에 외접하는 정다각형의 변의 개수를 계속 늘려서, 마침내 정다각형과 원 사이 도형의 넓이가 S와 X'의 차이보다 더 작도록 만들어라. 즉

S > X' 겉의 정다각형 > X'

그것과 닮은꼴인 정다각형을 원 X에 외접시켜라. 그러면

X 겉의 정다각형 : X' 겉의 정다각형 = $d^2 : d'^2$

= X : S가정에 따라서

비례식을 바꾸면,

X 겉의 정다각형 : X = X' 겉의 정다각형 : S

그런데 X 겉의 정다각형 > X

그러므로 X' 겉의 정다각형 > S

그러나 S > X' 겉의 정다각형

이 되도록 잡았으니, 모순이 생겼다.

그러므로 S는 X'보다 클 수가 없다.

르장드르는 다른 방법으로 역시 엄밀하게 증명하였는데, 내가 생각하기에 유클리드의 증명 방법에 비해서 별다른 이점이 있는 것 같지는 않다. 그는 12권 법칙 16을 약간 확장해 놓은 다음 법칙을 사용하였다.

"두 개의 동심원을 주면, 큰 원의 속에다 정다각형을 내접시켜서, 그 다각형의 변들이 작은 원과 만나지 않도록 할 수 있고, 작은 원의 겉에다 정다각형을 외접시켜서, 그 다각형의 변들이 큰 원과 만나지 않도록 할 수 있다."

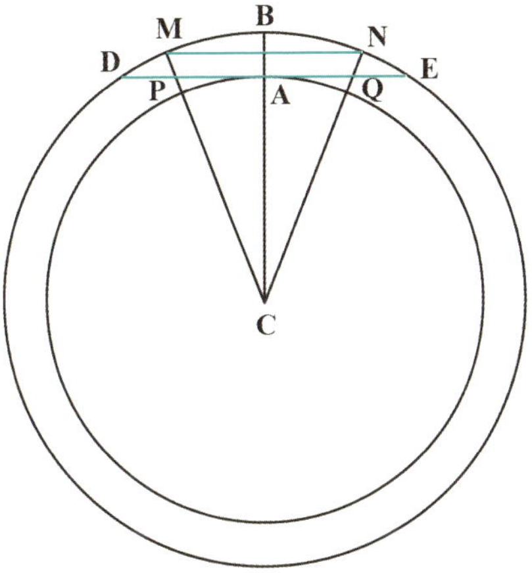


두 원의 반지름을 각각 CA, CB라 하자.

(1) 작은 원의 점 A에서 접선 DE를 그어서, 큰 원과 만나는 점을 D, E라 하자.

큰 원에다 아무 정다각형이나 내접시켜라. 예를 들어 정사각형을 내접시켰다고 하자. 변이 잘라서 생긴 호를 이등분하고, 그것을 또 이등분하고, 그것을 또 이등분하고, 이렇게 이등분하는 일을 되풀이하면, 호 DBE보다 더 짧은 호를 얻게 된다. 이렇게 얻은 호를

MN이라 하자. B가 MN의 중점이라고 가정해도 된다.

그러면 현 MN은 원의 중점 C로부터 DE보다 더 멀리 떨어져 있음이 확실하다. 그러니 DE를 한 변으로 가지는 정다각형은 작은 원과 어느 곳에서도 만나지 않는다.

(2) 선분 CM, CN을 긋고, 이들이 DE와 만나는 점을 각각 P, Q라 하자.

그러면 PQ는 작은 원에 외접하는 정다각형의 변이 되며, 그 정다각형은 큰 원에 내접하는 정다각형과 닮은꼴이다. 그리고 PQ를 한 변으로 가지는 정다각형은 큰 원과 어느 곳에서도 만나지 않는다.

이제 르장드르는 12권 법칙 2를 다음과 같이 증명하였다.

우리는 간단하게 하기 위해서, 반지름이 CA인 원의 넓이를 '원 CA'로 나타내겠다. 두 번째 원의 반지름을 OB라 하면, 다음 비례식이 성립함을 증명해야 한다.

$$\text{원 } CA : \text{원 } OB = CA^2 : OB^2$$

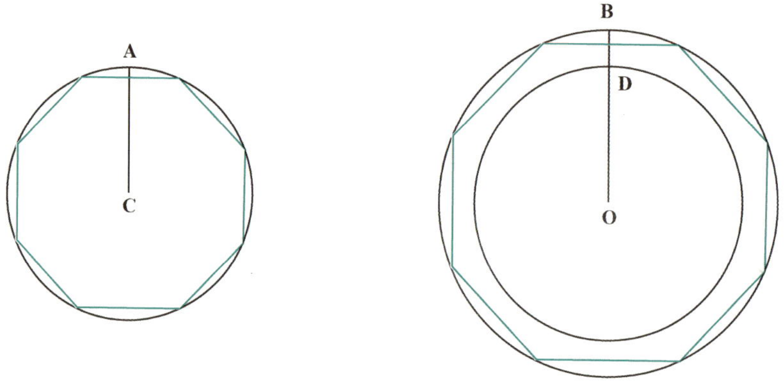

만약에 가능하다면, 이 비례식이 성립하지 않는다고 하자. 그러면 $CA^2$과 $OB^2$의 비율은, '원 CA'와, '원 OB'보다 더 크거나 또는 더 작은 넓이와의 비율과 같을 것이다.

(1) 우선,

$$CA^2 : OB^2 = \text{원 } CA : \text{원 } OD$$

이고, 여기서 OD는 OB보다 더 작다고 하자.

반지름이 OB인 원의 속에다 정다각형을 내접시키되, 그 정다각형의 변들이 반지름이 OD인 원과 만나지 않도록 해라. 그리고 반지름이 CA인 원의 속에다 이것과 닮은꼴인 정다각형을 내접시켜라.

그러면 정다각형들의 넓이 비율은 CA와 OB의 길이 비율의 제곱과 같다. [12권 법칙 1] 바꿔 말하면,

원 CA 속의 정다각형 : 원 OB 속의 정다각형

$= CA^2 : OB^2$

$=$ 원 CA : 원 OD 가정에 따라서

그러나 이것은 불가능하다. 왜냐 하면, 원 CA 속의 정다각형은 원 CA보다 더 작고, 원 OB 속의 정다각형은 원 OD보다 더 크기 때문이다. 그러므로 $CA^2$과 $OB^2$의 비율은, 원 CA와, 원 OB보다 더 작은 원과의 비율과 같을 수가 없다.

(2) 만약에 가능하다면,

$$CA^2 : OB^2 = \text{원 } CA : \text{원 } OE$$

이고, 여기서 OE는 OB보다 더 크다고 하자.

그러면 역으로

$$\mathrm{OB}^2 : \mathrm{CA}^2 = \text{원 OE} : \text{원 CA} = \text{원 OB} : \text{원 CF}$$

이고, 여기서 CF는 CA보다 더 작다. 그러나 이것은 불가능함을 (1)에서 보였다.

그러므로 $\mathrm{CA}^2 : \mathrm{OB}^2 = \text{원 CA} : \text{원 OB}$

**보조 법칙**

**S의 넓이가 원 EFGH의 넓이보다 더 넓으면, S와 원 ABCD의 넓이 비율은 원 EFGH와 원 ABCD보다 더 작은 어떤 넓이와의 비율과 같음을 보이겠다.**

증명 S와 원 ABCD의 넓이 비율이 원 EFGH와 어떤 넓이 T와의 넓이 비율과 같다고 하자. 그러면 T의 넓이가 원 ABCD의 넓이보다 더 작음을 보여야 한다. S와 원 ABCD의 넓이 비율이 원 EFGH와 T의 넓이 비율과 같으니, 바꾼 비례식에 따라서 S와 원 EFGH의 넓이 비율은 원 ABCD와 T의 넓이 비율과 같다. 그런데 S의 넓이는 원 EFGH의 넓이보다 더 넓다. 그러므로 원 ABCD의 넓이도 T의 넓이보다 더 넓다. 그러므로 S와 원 ABCD의 넓이 비율은 원 EFGH와 원 ABCD보다 더 작은 어떤 넓이와의 비율과 같다.

그러므로 이 법칙이 성립한다. □

해설 법칙 2의 뒤에 나오는 이 보조 법칙은 후대 사람들이 덧붙여 놓은 것임이 확실하다. 그렇지만 이것을 빼 버리면, 12권 법칙 5, 법칙 18에 가서 "앞에서 증명한 것과 마찬가지"라는 말을 할 수가 없다.

**법칙 3**

**밑면이 삼각형인 각뿔이 있다고 하자. 이 각뿔은 두 개의 각뿔과 두 개의 각기둥으로 쪼갤 수 있다. 두 각뿔은 밑면이 삼각형이고, 서로 닮은꼴이며 부피가 같고, 전체 각뿔과 닮은꼴이다. 두 각기둥은 부피가 같으며, 두 각기둥을 더하면 전체 각뿔의 절반보다 더 크다.**

증명 삼각형 ABC를 밑면으로 하고 점 D를 꼭짓점으로 하는 각뿔 ABCD가 있다고 하자. 그러면 각뿔 ABCD는 두 개의 각뿔과 두 개의 각기둥으로 쪼갤 수 있고, 두 각뿔은 밑면이 삼각형이고, 서로 닮은꼴이며 부피가 같고, 전체 각뿔과 닮은꼴이며, 두 각기둥은 부피가 같고, 두 각기둥을 더한 것은 전체 각뿔의 절반보다 더 큼을 보여야 한다. 선분 AB, BC, CA, AD, DB, DC를 이등분하는 점을 E, F, G, H, K, L이라고 하자. 선분 HE, EG, GH, HK, KL, LH, KF, FG를 그어라. AE와 EB는 길이가 같고, AH와 DH는 길이가 같으니, EH와 DB는 평행하다. [6권 법칙 2] 마찬가지 이유로 HK와 AB는 평행하다. 그러므로 HEBK는 평행사변형이며, HK와 EB는 길이가 같다. [1권 법칙 34]

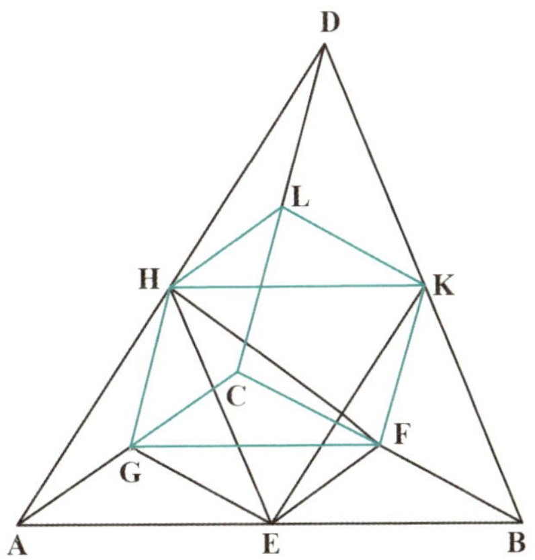


그런데 EB와 EA는 길이가 같다. 그러므로 AE도 HK와 길이가 같다. 그런데 AH와 HD는 길이가 같다. 그러므로 두 변

EA, AH는 두 변 KH, HD와 각각 길이가 같고, 각 EAH는 각 KHD와 크기가 같다. 그러므로 밑변 EH와 밑변 KD는 길이가 같다. [1권 법칙 4] 그러므로 삼각형 AEH와 삼각형 HKD는 크기가 같으며 닮은꼴이다. 마찬가지 이유로 삼각형 AGH와 삼각형 HLD는 크기가 같고 닮은꼴이다. 두 선분 EH, HG가 만나고 또 어떤 두 선분 KD, DL이 만나는데, 이 선분들은 각각 서로 평행하고 한 평면에 놓여 있지 않으니, 이들이 만드는 각은 크기가 같다. [11권 법칙 10] 그러므로 각 EHG와 각 KDL은 크기가 같다. 두 선분 EH, HG와 두 선분 KD, DL이 각각 길이가 같고, 각 EHG와 각 KDL은 크기가 같으니, 밑변 EG와 밑변 KL은 길이가 같다. [1권 법칙 4] 그러므로 삼각형 EHG와 삼각형 KDL은 크기가 같으며 닮은꼴이다. 마찬가지 이유로 삼각형 AEG와 삼각형 HKL은 크기가 같으며 닮은꼴이다.

그러므로 삼각형 AEG를 밑면으로 하고 점 H를 꼭짓점으로 하는 각뿔은, 삼각형 HKL을 밑면으로 하고 점 D를 꼭짓점으로 하는 각뿔과 크기가 같으며 닮은꼴이다. [11권 정의 10]

삼각형 ADB의 한 변 AB에 평행하도록 선분 HK를 그었으니, 삼각형 ADB와 삼각형 HDK는 각들의 크기가 같다. [1권 법칙 29] 그러므로 변들의 길이가 비례하며, 삼각형 ADB와 삼각형 HDK는 닮은꼴이다. [6권 정의 1] 마찬가지 이유로 삼각형 BDC와 삼각형 KDL은 닮은꼴이며, 삼각형 ADC와 삼각형 HDL은 닮은꼴이다. 두 선분 BA, AC가 만나고 또 어떤 두 선분 KH, HL이 만나는데, 이 선분들은 각각 서로 평행하고 한 평면에 놓여 있지 않으니, 이들이 만드는 각은 크기가 같다. [11권 법칙 10] 그러므로 각 BAC와 각 KHL은 크기가 같다. 그리고 BA와 AC의 비율은 KH와 HL의 비율과 같으니, 삼각형 ABC와 삼각형 HKL은 닮은꼴이다. 그러므로 삼각형 ABC를 밑면으로 하고 점 D를 꼭짓점으로 하는 각뿔은 삼각형 HKL을 밑면으로 하고 점 D를 꼭짓점으로 하는 각뿔과 닮은꼴이다. 그런데 삼각형 HKL을 밑면으로 하고 점 D를 꼭짓점으로 하는 각뿔은 삼각형 AEG를 밑면으로 하고 점 H를 꼭짓점으로 하는 각뿔과 닮은꼴임을 보였다.

그러므로 각뿔 AEGH, HKLD는 둘 다 전체 각뿔 ABCD와 닮은꼴이다.

그 다음, BF와 FC는 길이가 같으니, 평행사변형 EBFG는 삼각형 GFC의 넓이의 두 배이다. 두 각기둥이 높이가 같은데, 하나는 밑면이 평행사변형이고 다른 하나는 밑면이 삼각형이고, 평행사변형의 넓이가 삼각형 넓이의 두 배이면, 이 둘은 부피가 같다. [11권 법칙 39] 그러므로 두 삼각형 BKF, EHG와 세 평행사변형 EBFG, EBKH, HKFG로 만든 각기둥의 부피는 두 삼각형 GFC, HKL과 세 평행사변형 KFCL, LCGH, HKFG로 만든 각기둥의 부피와 같다.

여기 두 개의 각기둥이 있다. 평행사변형 EBFG가 밑면이고 선분 HK가 맞은편인 각기둥, 삼각형 GFC가 밑면이고 삼각형 HKL이 맞은편인 각기둥. 이들의 부피는 삼각형 AEG가 밑면이고 점 H가 꼭짓점인 각뿔, 또는 삼각형 HKL이 밑면이고 점 D가 꼭짓점인 각뿔의 부피보다 더 큼이 확실하다.

왜냐 하면, 선분 EF, EK를 그어 보면, 평행사변형 EBFG가 밑면이고 선분 HK가 맞은편인 각기둥은, 삼각형 EBF가 밑면이고 점 K가 꼭짓점인 각뿔보다 부피가 더 큼을 알 수 있다. 그런데 삼각형 EBF가 밑면이고 점 K가 꼭짓점인 각뿔은, 삼각형 AEG가 밑면이고 점 H가 꼭짓점인 각뿔과 부피가 같다. 이들은 크기가 같으며 닮은꼴인 도형들에 둘러싸여 있기 때문이다.

그러므로 평행사변형 EBFG가 밑면이고 선분 HK가 맞은편인 각기둥은, 삼각형 AEG가 밑면이고 점 H가 꼭짓점인 각뿔보다 부피가 더 크다. 그런데 평행사변형 EBFG가 밑면이고 선분 HK가 맞은편인 각기둥은, 삼각형 GFC가 밑면이고 삼각형 HKL이 맞은편인 각기둥과 부피가 같다. 그리고 삼각형 AEG가 밑면이고 점 H가 꼭짓점인 각뿔은, 삼각형 HKL이 밑면이고 점 D가 꼭짓점인 각뿔과 부피가 같다. 그러므로 두 각기둥을 더하면, 삼각형 AEG가 밑면이고 점 H가 꼭짓점인 각뿔과 삼각형 HKL이 밑면이고 점 D가 꼭짓점이 각뿔을 더한 것보다 부피가 더 크다. 그러므로 삼각형 ABC가 밑면이고 점 D가 꼭짓점인 전체 각뿔을 두 각기둥과 두 각뿔로 쪼갰는데, 두 각기둥은 부피가 같고, 두 각뿔은 서로 닮은꼴이며 크기가 같고, 두 각기둥을 더한 것은 전체 각뿔의 절반보다 더 크다.

그러므로 이 법칙이 성립한다. □

해설 꼭짓점이 D이고 밑면이 ABC인 각뿔을 D(ABC) 또는 D−ABC로 나타내고, 밑면이 삼각형 GCF, 삼각형 HLK인 삼각기둥을 (GCF, HLK)로 나타내겠다.

유클리드의 증명 과정은 다음과 같다.

(1) 삼각뿔 H(AEG)와 삼각뿔 D(HKL)이 부피가 같고 닮은꼴임을 (합동임을) 보임.

△DAB의 변들을 이등분하는 점들이 H, E, K이니, HE와 DB는 서로 평행하며, HK와 AB는 서로 평행하다.

그러므로 HK = EB = EA

HE = KB = DK

그러므로 △HAE, △DHK는 서로 합동이다. 마찬가지로, △HAG, △DHL은 서로 합동이다. 그리고 LH, HK는 GA, AE와 각각 평행하며, 이들은 다른 평면에 놓여 있다. 그러므로

∠GAE = ∠LHK

그리고 LH, HK는 GA, AE와 각각 길이가 같다. 그러므로 △GAE, △LHK는 서로 합동이다. 마찬가지로, △HGE, △DLK는 서로 합동이다. 그러므로 11권 정의 10에 따라서, 삼각뿔 H(AEG)와 삼각뿔 D(HKL)은 부피가 같고 닮은꼴이다. (합동이다.)

(2) 삼각뿔 D(HKL)과 삼각뿔 D(ABC)가 닮은꼴임을 보임.

△DHK, △DAB는 각들의 크기가 같으니, 서로 닮은꼴이다. 마찬가지로 △DLH, △DCA는 서로 닮은꼴이며, △DLK, △DCB도 서로 닮은꼴이다. 그리고 BA, AC는 KH, HL과 각각 평행하며, 이들은 다른 평면에 놓여 있다. 그러므로

∠BAC = ∠KHL

그리고 BA : AC = KH : HL

그러므로 △BAC, △KHL은 서로 닮은꼴이다. 그러므로 삼각뿔 D(ABC)는 삼각뿔 D(HKL)과 닮은꼴이며, 삼각뿔 H(AEG)와도 닮은꼴이다.

(3) 삼각기둥 (GCF, HLK)와 삼각기둥 (HGE, KFB)가 부피가 같음을 보임.

이들은 '높이'가 같다(평면 HKL과 평면 ABC 사이 거리를 높이라 하면)고 간주해도 된다. 그러면 이들의 밑면은 각각 삼각형 GCF, 평행사변형 EBFG이다. 그리고 평행사변형 EBFG의 넓이는 삼각형 GCF의 넓이의 두 배이다. 그러므로 11권 법칙 39에 따라서, 이들은 부피가 같다.

(4) 삼각기둥들의 부피가 조그마한 삼각뿔들의 부피보다 더 큼을 보임.

삼각기둥 (HGE, KFB)는 삼각뿔 K(EFB)보다 부피가 더 큼이 확실하다. 그러므로 삼각뿔 H(AEG)보다 더 크다. 그러므로 삼각기둥들 각각은 조그마한 삼각뿔들 각각보다 더 크다. 그러므로 두 개의 삼각기둥을 더한 것은 두 개의 삼각뿔을 더한 것보다 더 크며, 두 개의 삼각기둥과 두 개의 삼각뿔을 더하면 전체 삼각뿔이 된다.

**법칙 4**

**밑면이 삼각형이며 높이가 같은 두 각뿔이 있다고 하자. 이들 각각을 두 개의 각뿔과 두 개의 각기둥으로 쪼개되, 두 각뿔은 부피가 같으며 전체 각뿔과 닮은꼴이고, 두 각기둥도 부피가 같도록 해라. 그러면 한 각뿔의 밑면과 다른 각뿔의 밑면의 넓이 비율은, 한 각뿔에서 나온 모든 각기둥들을 더한 것과 다른 각뿔에서 나온 그와 같은 개수의 각기둥들을 모두 더한 것과의 부피 비율과 같다.**

증명 높이가 같은 두 각뿔이 있는데, 밑면이 삼각형 ABC, DEF이고 꼭짓점이 점 G, H라고 하자. 이들 각각을 부피가 같은 두 각기둥과, 전체 각뿔과 닮은꼴이며 부피가 같은 두 각뿔로 쪼개라. [12권 법칙 3] 그러면 밑면 ABC와 밑면 DEF의 넓이 비율은, 각뿔 ABCG에서 나온 두 각기둥과 각뿔 DEFH에서 나온 두 각기둥의 부피 비율과 같음을 보여야 한다.

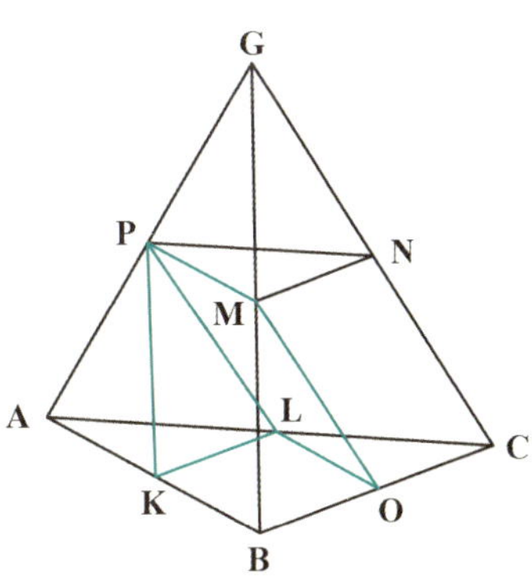


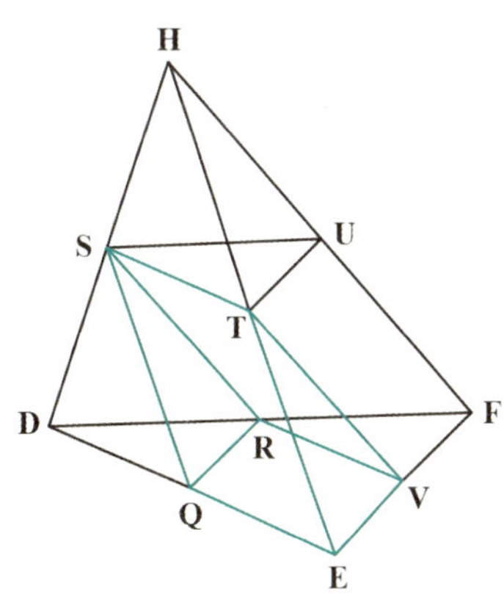


BO와 OC는 길이가 같고, AL과 LC는 길이가 같으니, LO는 AB와 평행하다. 그리고 삼각형 ABC와 삼각형 LOC는 닮은꼴이

다. 마찬가지 이유로 삼각형 DEF와 삼각형 RVF도 닮은꼴이다.

BC는 CO의 두 배이고, EF는 FV의 두 배이니, BC와 CO의 비율은 EF와 FV의 비율과 같다. 선분 BC, OC에다 닮은꼴 다각형인 ABC, LOC를 같은 방향에 붙여 놓았다. 그리고 선분 EF, VF에다 닮은꼴 다각형인 DEF, RVF를 같은 방향에 붙여 놓았다.

그러므로 삼각형 ABC와 삼각형 LOC의 넓이 비율은 삼각형 DEF와 삼각형 RVF의 넓이 비율과 같다. [6권 법칙 22] 그러므로 바꾼 비례식에 따라서 삼각형 ABC와 삼각형 DEF의 넓이 비율은 삼각형 LOC와 삼각형 RVF의 넓이 비율과 같다. [5권 법칙 16]

그런데 삼각형 LOC와 삼각형 RVF의 넓이 비율은, 삼각형 LOC가 밑면이고 삼각형 PMN이 맞은편 면인 각기둥과 삼각형 RVF가 밑면이고 삼각형 STU가 맞은편 면인 각기둥의 부피 비율과 같다. [뒤에 나오는 보조 법칙] 그러므로 삼각형 ABC와 삼각형 DEF의 넓이 비율도, 삼각형 LOC가 밑면이고 삼각형 PMN이 맞은편 면인 각기둥과 삼각형 RVF가 밑면이고 삼각형 STU가 맞은편 면인 각기둥의 부피 비율과 같다.

그런데 방금 말한 이 각기둥들의 부피 비율은, 평행사변형 KBOL이 밑면이고 선분 PM이 맞은편인 각기둥과 평행사변형 QEVR이 밑면이고 선분 ST가 맞은편인 각기둥의 부피 비율과 같다. [11권 법칙 39, 12권 법칙 3] 그러므로 두 각기둥을 더한 것들의 비율, 즉 평행사변형 KBOL이 밑면이고 선분 PM이 맞은편인 각기둥과 삼각형 LOC가 밑면이고 삼각형 PMN이 맞은편인 각기둥을 더한 것과, 평행사변형 QEVR이 밑면이고 선분 ST가 맞은편인 각기둥과 삼각형 RVF가 밑면이고 삼각형 STU가 맞은편인 각기둥을 더한 것과의 비율도 이 비율과 같다. [5권 법칙 12] 그러므로 밑면 ABC와 밑면 DEF의 넓이 비율은, 두 각기둥을 더한 것과 두 각기둥을 더한 것과의 부피 비율과 같다.

마찬가지 방법으로 각뿔 PMNG와 STUH를 각각 두 개의 각기둥과 두 개의 각뿔로 쪼개면, 밑면 PMN과 밑면 STU의 넓이 비율은 각뿔 PMNG에서 나온 두 각기둥을 더한 것과 각뿔 STUH에서 나온 두 각기둥을 더한 것과의 부피 비율과 같다. 그런데 밑면 PMN과 밑면 STU의 넓이 비율은 밑면 ABC와 밑면 DEF의 넓이 비율과 같다. 왜냐 하면, 삼각형 PMN은 삼각형 LOC와 넓이가 같고, 삼각형 STU는 삼각형 RVF와 넓이가 같기 때문이다.

그러므로 밑면 ABC와 밑면 DEF의 넓이 비율은 또한 네 각기둥을 더한 것과 네 각기둥을 더한 것과의 부피 비율과 같다.

비슷한 방법으로 남은 각뿔들도 두 각기둥과 두 각뿔로 쪼개면, 밑면 ABC와 밑면 DEF의 넓이 비율은 각뿔 ABCG에서 나온 모든 각기둥들을 더한 것과 각뿔 DEFH에서 나온 그와 같은 개수의 각기둥들을 모두 더한 것과의 부피 비율과 같다.

그러므로 이 법칙이 성립한다. □

### 보조 법칙

삼각형 LOC와 삼각형 RVF의 넓이 비율은, 삼각형 LOC가 밑면이고 삼각형 PMN이 맞은편 면인 각기둥과 삼각형 RVF가 밑면이고 삼각형 STU가 맞은편 면인 각기둥의 부피 비율과 같음을 증명해 보이겠다.

증명 앞의 그림의 점 G에서 평면 ABC에다 수직선을 긋고, 점 H에서 평면 DEF에다 수직선을 그어라. 그러면 이 두 수직선은 길이가 같다. 왜냐 하면, 가정에 따라서 각뿔들의 높이가 같기 때문이다.

선분 GC와 G에서 그은 수직선을 평행한 두 평면 ABC, PMN이 자르니, 이 두 선분은 같은 비율로 잘린다. [11권 법칙 17] 그런데 평면 PMN은 선분 GC를 점 N에서 이등분한다. 그러므로 G에서 평면 ABC로 그은 수직선도 평면 PMN이 이등분한다.

마찬가지 이유로 점 H에서 평면 DEF로 그은 수직선을 평면 STU가 이등분한다. 그런데 G에서 평면 ABC로 그은 수직선과 H에서 평면 DEF로 그은 수직선은 길이가 같다. 그러므로 삼각형 PMN에서 평면 ABC로 그은 수직선과 삼각형 STU에서 평면 DEF로 그은 수직선도 길이가 같다. 그러므로 삼각형 LOC가 밑면이며 PMN이 맞은편 면인 각기둥과 삼각형 RVF가 밑면이며 STU가 맞은편 면인 각기둥은 높이가 같다. 높이가 같은 이 각기둥들을 가지고 평행면 입체들을 만들면 그들의 부피 비율은 밑면들의 넓이 비율과 같다. [11권 법칙 32] 각기둥들의 부피는 평행면 입체들 부피의 절반이니, 각기둥들의 부피 비율은 밑면 LOC와 밑면 RVF의 넓이 비율과 같다.

그러므로 이 법칙이 성립한다. □

해설 법칙 4와 그 뒤에 나오는 보조 법칙의 내용을 여기에 포함시켜서, 증명 과정을 다음과 같이 요약할 수 있다.

LO와 AB가 평행하니,

$$\triangle ABC,\ \triangle LOC\text{는 닮은꼴이다.}$$

마찬가지로 △DEF, △RVF는 닮은꼴이다.

그리고 BC : CO = EF : FV

이니, 6권 법칙 22에 따라서,

△ABC : △LOC = △DEF : △RVF

비례식을 바꾸면,

△ABC : △DEF = △LOC : △RVF

그런데 삼각기둥 (LOC, PMN)과 삼각기둥 (RVF, STU)는 높이가 같다. 왜냐 하면, 꼭짓점 G, H에서 밑면 ABC, DEF로 수직선들을 그었을 때, 평면 PMN, 평면 STU(이 평면들은 밑면들에 평행하다)가 이 수직선들을 자르는 비율과, 이 평면들이 GC, HF를 자르는 비율은 같다. [11권 법칙 17] 즉 이등분한다. 그러므로 이 삼각기둥들의 높이는 원래 삼각뿔들 높이의 절반이며, 원래 삼각뿔들이 높이가 같으니, 이 삼각기둥들은 높이가 같다. 그리고 이 삼각기둥들의 부피는, 높이가 같고 밑면이 △LOC, △RVF의 두 배인 평행사변형인 평행면 입체들 부피의 절반이다. [11권 법칙 28 해설] 그러므로 이 삼각기둥들의 부피 비율은 이 평행면 입체들의 부피 비율과 같으며, 따라서 밑면들의 넓이 비율과 같다. [11권 법칙 32] 그러므로

각기둥 (LOC, PMN) : 각기둥 (RVF, STU)

= △LOC : △RVF

= △ABC : △DEF

그리고 다른 각기둥들은 이 각기둥들과 각각 부피가 같으니,

GABC의 각기둥들을 더한 것 : HDEF의 각기둥들을 더한 것

= △ABC : △DEF

삼각뿔 GPMN, HSTU를 똑같은 방법으로 쪼개고, 삼각뿔 PAKL, SDQR을 똑같은 방법으로 쪼개면, 마찬가지 이유로 다음 비례식이 성립한다.

GPMN의 각기둥들을 더한 것 : HSTU의 각기둥들을 더한 것
= △PMN : △STU
= △ABC : △DEF

그리고 삼각뿔 PAKL, SDQR의 경우도 마찬가지이다.

이 과정을 얼마든지 계속해 나갈 수 있으며, 항상 다음 비례식이 성립한다.

GABC의 각기둥들을 더한 것 : HDEF의 각기둥들을 더한 것
= △ABC : △DEF

**법칙 5**

**밑면이 삼각형이며 높이가 같은 두 각뿔의 부피 비율은 밑면의 넓이 비율과 같다.**

증명 높이가 같은 두 각뿔이 있는데, 삼각형 ABC, DEF가 밑면이고 점 G, H가 꼭짓점이라고 하자. 그러면 밑면 ABC와 밑면 DEF의 넓이 비율은 각뿔 ABCG와 각뿔 DEFH의 부피 비율과 같음을 보여야 한다. 만약에 각뿔 ABCG와 각뿔 DEFH의 부피 비율이 밑면 ABC와 밑면 DEF의 넓이 비율과 다르면, 밑면 ABC와 밑면 DEF의 넓이 비율과 같은 비율이 되도록 하려면 각뿔 ABCG는 각뿔 DEFH보다 더 크거나 또는 더 작은 부피와 비율을 구해야 한다.

우선, 더 작은 부피인 입체 W와 비율을 구해야 그 비율과 같아

진다고 하자. 각뿔 DEFH를 두 각뿔과 두 각기둥으로 쪼개되, 두 각뿔은 부피가 같으며 전체 각뿔과 닮은꼴이고, 두 각기둥도 부피가 같도록 해라. 그러면 두 각기둥을 더한 것은 전체 각뿔의 절반보다 더 크다. [12권 법칙 3]

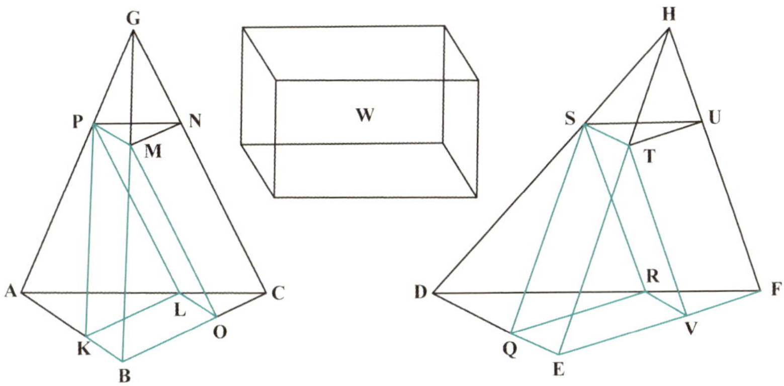


이 때 생긴 각뿔들을 마찬가지 방법으로 또 쪼개라. 이 과정을 계속 되풀이하여서 남은 각뿔들을 다 더한 것의 부피가 각뿔 DEFH의 부피에서 입체 W의 부피를 뺀 것보다 더 작아지도록 해라. [10권 법칙 1] 생각하기 편하도록, 이 때 남은 각뿔들이 DQRS, STUH라 하자. 그러면 각뿔 DEFH에서 생긴 각기둥들을 다 더한 것은 입체 W보다 부피가 더 크다. 각뿔 DEFH를 쪼갠 것과 똑같은 방법으로, 똑같은 횟수만큼 각뿔 ABCG를 쪼개라. 그러면 밑면 ABC와 밑면 DEF의 넓이 비율은, 각뿔 ABCG에서 나온 각기둥들을 더한 것과 각뿔 DEFH에서 나온 각기둥들을 더한 것과의 부피 비율과 같다. [12권 법칙 4]

그런데 밑면 ABC와 밑면 DEF의 넓이 비율은 각뿔 ABCG와 입체 W의 부피 비율과 같다. 그러므로 각뿔 ABCG와 입체 W의 부피 비율은, 각뿔 ABCG에서 나온 각기둥들을 더한 것과 각뿔 DEFH에서 나온 각기둥들을 더한 것과의 부피 비율과 같다. [5권 법칙 11] 그러므로 바꾼 비례식에 따라서 각뿔 ABCG와 거기에서 나온 각기둥들을 더한 것과의 부피 비율은, 입체 W와 각뿔 DEFH에서 나온 각기둥들을 더한 것과의 부피 비율과 같다. [5권 법칙 16] 그런데 각뿔 ABCG는 거기에서 나온 각기둥들을 더한 것보다 부피가 더 크다. 그러므로 입체 W도 각뿔 DEFH에서 나온 각기둥들을 더한 것보다 부피가 더 크다. 그러나 W는 이것보다 부피가 더 작다. 그러니 이건 모순이다.

그러므로 각뿔 ABCG는 각뿔 DEFH보다 더 작은 입체와 부피의 비율을 구하면, 그 비율이 밑면 ABC와 밑면 DEF의 넓이 비율과 같아질 수 없다. 마찬가지 방법으로 각뿔 DEFH는 각뿔 ABCG보다 더 작은 입체와 부피의 비율을 구하면, 그 비율이 밑면 DEF와 밑면 ABC의 넓이 비율과 같아질 수 없음을 보일 수 있다.

그 다음, 각뿔 ABCG는 각뿔 DEFH보다 더 큰 입체와 비율을 구하면, 그 비율이 밑면 ABC와 밑면 DEF의 넓이 비율과 같을 수 없음을 보이겠다. 만약에 이게 가능하다면, 더 큰 입체 W와 비율을 구해서 그 비율이 같다고 하자. 그러면 역으로 밑면 DEF와 밑면 ABC의 넓이 비율은 입체 W와 각뿔 ABCG의 부피 비율과 같다. 그런데 앞에서 증명한 것과 비슷한 방법으로 생각하면, 입체 W와 각뿔 ABCG의 부피 비율은 각뿔 DEFH와 각뿔 ABCG보다 더 작은 어떤 입체와의 부피 비율과 같다. [12권 법칙 2, 보조 법칙] 그러므로 밑면 DEF와 밑면 ABC의 넓이 비율은 각뿔 DEFH

와 각뿔 ABCG보다 더 작은 어떤 입체와의 부피 비율과 같다. [5권 법칙 11] 그러나 이건 불가능함을 증명하였다.

그러므로 각뿔 ABCG는 각뿔 DEFH보다 더 큰 입체와 부피 비율을 구하면 밑면 ABC와 밑면 DEF의 넓이 비율과 같아질 수 없다. 그런데 더 작은 입체와 비율을 구해도 같아질 수 없음을 보였다. 그러므로 밑면 ABC와 밑면 DEF의 넓이 비율은 각뿔 ABCG와 각뿔 DEFH의 부피 비율과 같다.

그러므로 이 법칙이 성립한다. □

해설 법칙 3, 법칙 4에서, 삼각뿔을 두 개의 삼각기둥과 두 개의 삼각뿔로 쪼개는 방법을 배웠는데, 이 때 (1) 두 개의 삼각기둥은 서로 부피가 같으며, 이들을 더한 것은 원래 삼각뿔 부피의 절반보다 더 크다. (2) 두 개의 삼각뿔은 원래 삼각뿔과 닮은꼴이다.

이렇게 해서 생긴 두 개의 삼각뿔에다 이 과정을 또 적용하고, 이 때 생기는 네 개의 삼각뿔에다 이 과정을 또 적용하고, 이렇게 계속해 나가라. 그리고 원래 삼각뿔과 높이가 같은 다른 삼각뿔에도 이 과정을 같은 횟수만큼 되풀이해 적용해라. 그러면 한 삼각뿔 속의 삼각기둥들을 모두 더한 것과, 다른 삼각뿔 속의 삼각기둥들을 모두 더한 것과의 비율은, 전자 삼각뿔의 밑면의 넓이와 후자 삼각뿔의 밑면의 넓이와의 비율과 같다.

이제 12권 법칙 2에서와 비슷한 방법으로, 원래 삼각뿔들의 부피 비율이 그들의 밑면들의 넓이 비율과 같음을 보일 수 있다.

삼각뿔들을 P, P'라 부르고, 이들의 밑면들을 B, B'라 부르자.

만약에 $P : P' \neq B : B'$

이면, $B : B' = P : W$

가 되도록 입체 W를 잡아라.

I. $W < P'$라 하자.

P'를 두 개의 삼각기둥과 두 개의 삼각뿔로 쪼개고, 삼각뿔들을 같은 방법으로 또 쪼개고, 같은 방법으로 또 쪼개고, 이 과정을 계속 되풀이하여서, 남은 삼각뿔들을 모두 더한 것이 P'와 W의 차이보다 더 작도록 해라. [10권 법칙 1] 바꿔 말하면,

$P' >$ P' 속의 삼각기둥들 $> W$

그리고 P를 같은 횟수만큼, 마찬가지 방법으로 쪼개라. 그러면

P 속의 삼각기둥들 : P' 속의 삼각기둥들

$= B : B'$ [12권 법칙 4]

$= P : W$ 가정에 따라서

비례식을 바꾸면,

P 속의 삼각기둥들 : P = P' 속의 삼각기둥들 : W

그런데 P 속의 삼각기둥들 $< P$

그러므로 P' 속의 삼각기둥들 $< W$

그러나 우리는 P' 속의 삼각기둥들 $> W$

가 되도록 잡았으니, 모순이 생겼다.

그러므로 W는 P'보다 작을 수가 없다.

II. 만약에 가능하다면, $W > P'$라 하자.

그러면 역으로

$$B' : B = W : P = P' : V$$

여기서 V는 P보다 부피가 작은 입체이다. (12권 법칙 2 해설과 보조 법칙 참조.) 그러나 I에서 증명한 것과 똑같이, 이게 불가능함을 증명할 수 있다.

그러므로 W는 P'보다 클 수도 작을 수도 없다. 그러므로

$$B : B' = P : P'$$

르장드르를 선두로 해서, 앞에서 언급한 미국 편찬가들과 기타 여러 수학자들은 다른 길을 따라서 이 문제를 해결하였다. 그들은 다음 법칙들을 증명하였다.

1. "어떤 각뿔을 밑면에 평행한 평면으로 잘랐다고 하자. 그러면 (가) 옆 모서리와 높이는 같은 비율로 잘린다. (나) 단면은 밑면과 닮은꼴 다각형이 된다."

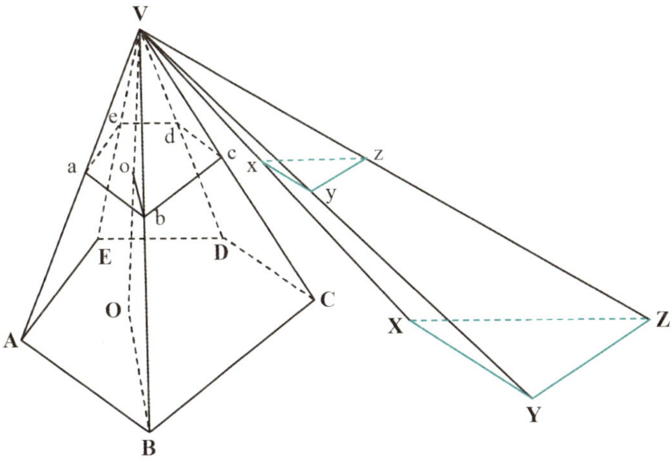


(가) 각뿔 V(ABCDE)의 옆면 VAB를 두 개의 평행한 평면으로 자른 것이 AB, ab이니, AB와 ab는 서로 평행하다.

마찬가지 이유로 BC와 bc는 서로 평행하다. 등등.

그러므로 $VA : Va = VB : Vb = VC : Vc = \cdots$

그리고 높이 VO가 잘린 지점이 O, o라 하면, BO와 bo는 평행하다. 따라서 위의 비율은 모두 비율 VO : Vo와 같다.

(나) BA와 ba가 평행하고, BC와 bc가 평행하니, 11권 법칙 10에 따라서,

$$\angle ABC = \angle abc$$

다각형들의 다른 각들도 다 마찬가지이다. 그러므로 이 두 다각형은 각들의 크기가 같다.

그리고 닮은꼴 삼각형들에 따라서,

$$VA : Va : AB : ab$$

다른 변들도 다 마찬가지이다. 그러므로 (가)에서 증명한 비례식에 따라서,

$$AB : ab = BC : bc = CD : cd = \cdots$$

그러므로 이 두 다각형은 서로 닮은꼴이다.

2. "높이가 같은 두 개의 각뿔을 꼭짓점으로부터 같은 높이의 평면으로 자르면, 이 때 생기는 단면들의 넓이 비율은 밑면들의 넓이 비율과 같다."

두 개의 각뿔을 나란히 놓아서, 두 개의 꼭짓점이 일치하고, 밑면들이 같은 평면에 놓이도록 해라. 그러면 자르는 평면도 일치하게 된다. 예를 들어 두 번째 각뿔의 밑면이 XYZ이고, 단면이 xyz라 하자. 그러면 앞의 법칙을 증명한 것에 따라서,

$$VX : Vx = VY : Vy = VZ : Vz$$

$$=VO : Vo = VA : Va = VB : Vb = \cdots$$

그리고 XYZ와 xyz는 서로 닮은꼴이다.

이제

$$\text{다각형 } ABCDE : \text{다각형 } abcde = AB^2 : ab^2 = VA^2 : Va^2$$

그리고

$$\triangle XYZ : \triangle xyz = XY^2 : xy^2$$
$$= VX^2 : Vx^2$$
$$= VA^2 : Va^2$$

그러므로

$$\text{다각형 } ABCDE : \text{다각형 } abcde = \triangle XYZ : \triangle xyz$$

이 법칙의 특별한 경우로서, 만약 두 각뿔의 밑면의 넓이가 같으면, 단면의 넓이도 같다.

3. "두 개의 삼각뿔이 밑면의 넓이가 같고 높이가 같으면, 이들은 부피가 같다."

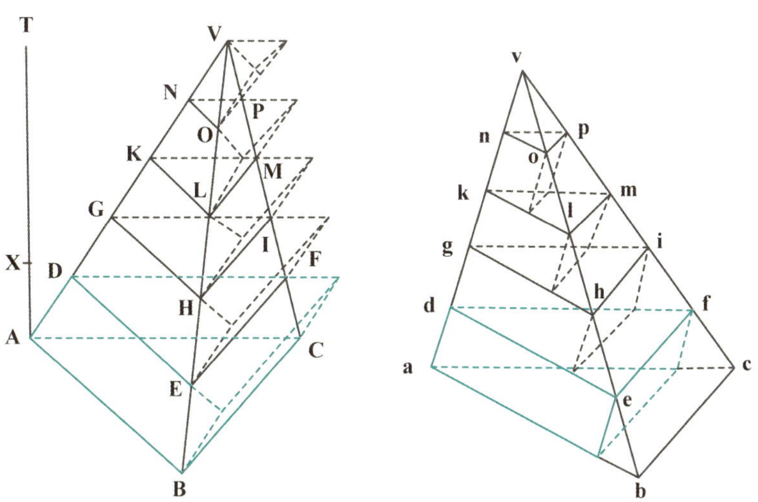

두 개의 삼각뿔 VABC, vabc가 있는데, 이들의 밑면 ABC와 abc의 넓이가 같다고 하자. 이들을 한 평면에다 놓았는데, 높이가 TA로서 같다고 하자. 만약 이 두 개의 각뿔이 부피가 다르면, 어느 하나가 다른 하나보다 더 커야 한다. 각뿔 VABC가 더 크다고 하자. 이 두 각뿔의 부피 차이를 구하고, ABC를 밑면으로 하고 AX를 높이로 하는 삼각기둥의 부피가 이 부피 차이와 같도록, 높이 AX를 잡아라. 높이 AT를 일정한 간격으로 자르되, 그 간격이 AX보다 더 작도록 해라. 그 간격을 $z$라 하자. 이렇게 자른 것에 따라, 밑면과 평행한 평면들을 그려서, 이 평면들이 두 개의 각뿔을 잘라서 생기는 단면들을 DEF, GHI, … 그리고 def, ghi, … 라 하자. 그러면 앞의 법칙에 따라서, 단면 DEF와 단면 def는 넓이가 같다. 그리고 단면 GHI와 단면 ghi도 넓이가 같다. 등등

삼각형 ABC, DEF, GHI, … 를 밑면으로 하고, 옆 모서리 AV의 부분들인 AD, DG, GK, … 를 옆 모서리로 해서 삼각기둥들을 만들어라. 그러면 이 삼각기둥들은 원래 각뿔 VABC의 바깥으로 약간씩 튀어나가게 된다. 그리고 삼각형 def, ghi, … 를 밑면(윗면이라고 하는 편이 낫겠다)으로 하고, 옆 모서리 av의 부분들인 ad, dg, gk, … 를 옆 모서리로 해서 삼각기둥들을 만들어라. 그러면 이 삼각기둥들은 원래 각뿔 vabc의 안으로 약간씩 들어가게 된다.

이 각기둥들은 모두 높이가 $z$이다. 각뿔 VABC에서 만든 각기둥들을 더한 것은 원래 각뿔 VABC보다 부피가 더 크다. 그리고 각뿔 vabc에서 만든 각기둥들을 더한 것은 원래 각뿔 vabc보다 부피가 더 작다.

따라서 전자의 각기둥들을 더한 것과 후자의 각기둥들을 더한

것과의 차이는, 전자의 각뿔과 후자의 각뿔의 차이보다 더 크다.

밑면 ABC, abc에서부터 따져 나가 보면, 전자의 두 번째 각기둥 DEFG는 후자의 첫 번째 각기둥 defa와 부피가 같다. 왜냐 하면, 이들의 밑면 DEF와 def는 넓이가 같고, 높이도 $z$로서 같기 때문이다. [11권 법칙 28 해설, 11권 법칙 32] 마찬가지 이유로 전자의 세 번째 각기둥과 후자의 두 번째 각기둥은 부피가 같다. 이렇게 계속해 나가면, 양쪽 다 마지막 각기둥에 이르기까지 계속 서로 같게 된다. 그러므로 전자의 첫 번째 각기둥인 ABCD가 바로, 전자의 각기둥들을 더한 것과 후자의 각기둥들을 더한 것과의 차이이다. 그러므로 두 각뿔의 부피 차이는 각기둥 ABCD의 부피보다 더 작다. 그러니 각기둥 ABCD의 부피는, 밑면이 ABC이고 높이가 AX인 각기둥의 부피보다 더 커야 한다. 그러나 가정에 따라서, 각기둥 ABCD의 부피는 후자의 각기둥의 부피보다 더 작다. 그러니 모순이 생겼다. 따라서 각뿔 VABC는 각뿔 vabc보다 부피가 더 클 수 없다. 마찬가지 이유로 각뿔 vabc는 각뿔 VABC보다 부피가 더 클 수 없다.

그러므로 이 두 각뿔은 부피가 같다.

르장드르는 이제 12권 법칙 7에 해당하는 법칙을 만든다.

4. "삼각뿔의 부피는, 그것과 밑면이 같고 높이가 같은 삼각기둥 부피의 삼분의 일이다."

이 법칙을 써서, 그는 다음을 이끌어 낸다. 딸린 법칙. "삼각뿔의 부피는, 그것의 밑면과 높이를 곱한 것의 삼분의 일이다."

삼각기둥의 부피는 그 밑면과 높이를 곱한 것과 같음을 르장드르는 이미 앞에서 증명하였다. 왜냐 하면, (1) 밑면이 그 삼각형의 두 배인 평행사변형이고 높이가 같은 평행면 입체를 잡으면, 삼각기둥의 부피는 그 평행면 입체 부피의 절반이며, (2) 이 평행면 입체를 바꿔서, 밑면의 넓이가 같고 높이가 같으며 부피가 같은 '직육면체'를 만들 수 있기 때문이다.

이제 법칙 4를 일반화하여서, 임의의 각뿔에 적용한다.

5. "각뿔의 부피는, 그것의 밑면과 높이를 곱한 것의 삼분의 일이다."

이제 다음 법칙들이 쉽게 나온다.

딸린 법칙 1. "각뿔의 부피는, 그것과 밑면이 같고 높이가 같은 각기둥 부피의 삼분의 일이다."

딸린 법칙 2. "두 개의 각뿔이 높이가 같으면, 그들의 부피 비율은 밑면의 넓이 비율과 같다. 두 개의 각뿔이 밑면의 넓이가 같으면, 그들의 부피 비율은 높이 비율과 같다."

딸린 법칙 2의 앞부분은, 12권 법칙 5를 일반화해 놓은 12권 법칙 6에 대응한다.

**법칙 6**

**밑면이 다각형이며 높이가 같은 두 각뿔의 부피 비율은 밑면의 넓이 비율과 같다.**

증명 밑면이 다각형 ABCDE, FGHKL이고 꼭짓점이 점 M, N인 두 각뿔이 높이가 같다고 하자. 그러면 밑면 ABCDE와 밑면 FGHKL의 넓이 비율이 각뿔 ABCDEM과 각뿔 FGHKLN의 부피 비율과 같음을 보여야 한다.

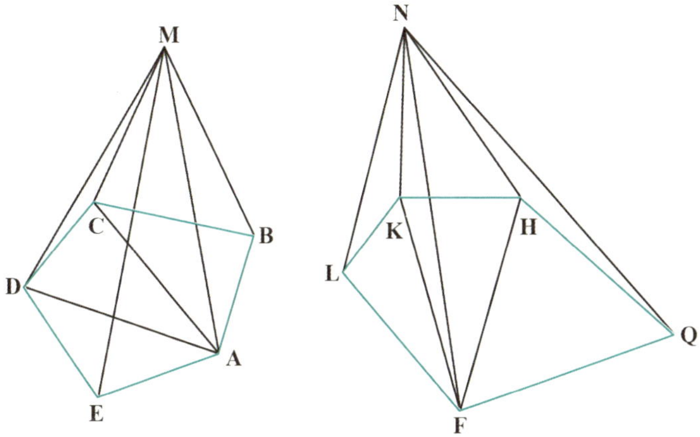


선분 AC, AD, FH, FK를 그어라. 그러면 두 각뿔 ABCM, ACDM은 밑면이 삼각형이고 높이가 같으니, 이들의 부피 비율은 밑면의 넓이 비율과 같다. [12권 법칙 5] 그러므로 밑면 ABC와 밑면 ACD의 넓이 비율은 각뿔 ABCM과 각뿔 ACDM의 부피 비율과 같다. 비례식의 덧셈에 따라서 밑면 ABCD와 밑면 ACD의 넓이 비율은 각뿔 ABCDM과 각뿔 ACDM의 부피 비율과 같다. [5권 법칙 18] 그런데 밑면 ACD와 밑면 ADE의 넓이 비율은 각뿔 ACDM과 각뿔 ADEM의 부피 비율과 같다. [12권 법칙 5] 그러므로 밑면 ABCD와 밑면 ADE의 넓이 비율은 같은 위치에 있는 각뿔 ABCDM과 각뿔 ADEM의 부피 비율과 같다. [5권 법칙 22]

다시 비례식의 덧셈에 따라서 밑면 ABCDE와 밑면 ADE의 넓이 비율은 각뿔 ABCDEM과 각뿔 ADEM의 부피 비율과 같다. [5

권 법칙 18] 마찬가지 방법으로 밑면 FGHKL과 밑면 FGH의 넓이 비율은 각뿔 FGHKLN과 각뿔 FGHN의 부피 비율과 같음을 보일 수 있다. 그리고 ADEM, FGHN은 두 각뿔인데, 밑면이 삼각형이고 높이가 같으니, 밑면 ADE와 밑면 FGH의 넓이 비율은 각뿔 ADEM과 각뿔 FGHN의 부피 비율과 같다. [12권 법칙 5] 그런데 밑면 ADE와 밑면 ABCDE의 넓이 비율은 각뿔 ADEM과 각뿔 ABCDEM의 부피 비율과 같다. 그러므로 밑면 ABCDE와 밑면 FGH의 넓이 비율은 같은 위치에 있는 각뿔 ABCDEM과 각뿔 FGHN의 부피 비율과 같다. [5권 법칙 22]

그런데 밑면 FGH와 밑면 FGHKL의 넓이 비율은 각뿔 FGHN과 각뿔 FGHKLN의 부피 비율과 같다. 그러므로 밑면 ABCDE와 밑면 FGHKL의 넓이 비율은 같은 위치에 있는 각뿔 ABCDEM과 각뿔 FGHKLN의 부피 비율과 같다. [5권 법칙 22]

그러므로 이 법칙이 성립한다. □

해설 유클리드는 원하는 비례식

밑면 ABCDE : △ADE = 각뿔 MABCDE : 각뿔 MADE

를 얻기 위해서, 5권 법칙 18을 두 번 적용하였고, 같은 위치에 있는 항들은 비율이 같다는 법칙(5권 법칙 22)을 그 중간에 사용하였다. 5권 법칙 24를 확장하여서, 전자들의 개수가 몇 개이든 이 법칙이 성립함을 이용하면, 원하는 결론을 좀더 간결하게 이끌어 낼 수 있다. 즉

△ABC : △ADE = 각뿔 MABC : 각뿔 MADE

△ACD : △ADE = 각뿔 MACD : 각뿔 MADE

△ADE : △ADE = 각뿔 MADE : 각뿔 MADE

그러므로 전자들을 모두 더하면, 우리는 다음 비례식을 얻게 된다. [5권 법칙 24]

다각형 ABCDE : △ADE = 각뿔 MABCDE : 각뿔 MADE

그리고 각뿔 MADE, 각뿔 NFGH는 높이가 같으니,

△ADE : △FGH = 각뿔 MADE : 각뿔 NFGH

마지막으로, 각뿔 NFGHKL에다 각뿔 MABCDE와 똑같은 과정을 적용하고, 비례식의 역을 취하면,

△FGH : 다각형 FGHKL = 각뿔 NFGH : 각뿔 NFGHKL

이 세 개의 비례식에다, 같은 위치에 있는 항들은 비율이 같음을 적용하면 [5권 법칙 22],

다각형 ABCDE : 다각형 FGHKL
= 각뿔 MABCDE : 각뿔 NFGHKL

## 법칙 7

**밑면이 삼각형인 각기둥은, 밑면이 삼각형이며 부피가 같은 세 각뿔로 쪼갤 수 있다.**

증명 삼각형 ABC가 밑면이며 삼각형 DEF가 반대쪽 면인 각기둥이 있다고 하자. 그러면 각기둥 ABCDEF는 부피가 같은 세 개의 삼각뿔로 쪼갤 수 있음을 보이겠다. 선분 BD, EC, CD를 그어라. ABED는 평행사변형이고 BD는 대각선이니, 삼각형 ABD와 삼각형 EBD는 넓이가 같다. [1권 법칙 34] 그러므로 삼각형 ABD가 밑면이고 점 C가 꼭짓점인 각뿔은 삼각형 DEB가 밑면이고 점 C가

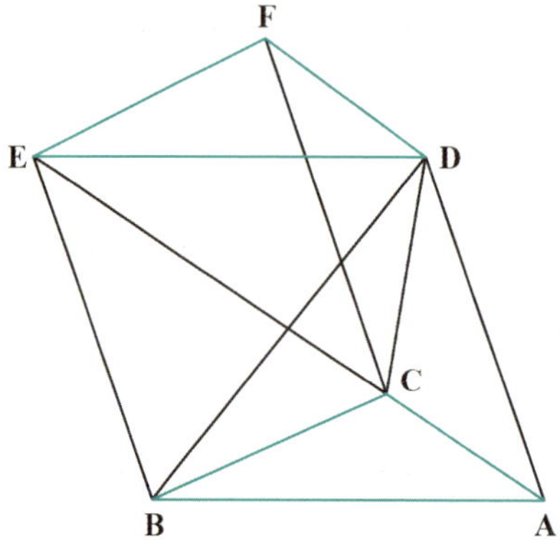


꼭짓점인 각뿔과 부피가 같다. [12권 법칙 5] 그런데 삼각형 DEB가 밑면이고 점 C가 꼭짓점인 각뿔은 삼각형 EBC가 밑면이고 점 D가 꼭짓점인 각뿔과 똑같다. 왜냐 하면, 이들은 똑같은 면들로 둘러싸여 있기 때문이다. 그러므로 삼각형 ABD가 밑면이고 점 C가 꼭짓점인 각뿔도 삼각형 EBC가 밑면이고 점 D가 꼭짓점인 각뿔과 부피가 같다. FCBE는 평행사변형이고 CE는 대각선이니, 삼각형 CEF와 삼각형 BCE는 넓이가 같다. [1권 법칙 34] 그러므로 삼각형 BCE가 밑면이고 점 D가 꼭짓점인 각뿔은 삼각형 CEF가 밑면이고 점 D가 꼭짓점인 각뿔과 부피가 같다. [12권 법칙 5] 그런데 삼각형 BCE가 밑면이고 점 D가 꼭짓점인 각뿔은 삼각형 ABD가 밑면이고 점 C가 꼭짓점인 각뿔과 부피가 같음을 증명하였다. 그러므로 삼각형 CEF가 밑면이고 점 D가 꼭짓점인 각뿔과 삼각형 ABD가 밑면이고 점 C가 꼭짓점인 각뿔도 부피가 같다. 그러므로 각기둥 ABCDEF를 부피가 같은 세 삼각뿔로 쪼갰다. 삼각형 ABD가 밑면이고 점 C가 꼭짓점인 각뿔은 삼각형 CAB가 밑면이고 점 D가 꼭짓점인 각뿔과 똑같다. 왜냐 하면, 이들은 똑같은 면들로 둘러싸여 있기 때문이다. 그런데 삼각형 ABD가 밑면이고 점 C가 꼭짓점인 각뿔의 부피는, 삼각형 ABC가 밑면이고 삼각형 DEF가 반대쪽 면인 각기둥 부피의 삼분의 일임을 증명하였다. 그러므로 삼각형 ABC가 밑면이고 점 D가 꼭짓점인 각뿔의 부피도, 삼각형 ABC가 밑면이고 삼각형 DEF가 반대쪽 면인 각기둥 부피의 삼분의 일이다. 이들은 밑면이 같다.

그러므로 이 법칙이 성립한다. □

해설 꼭짓점이 C이고 밑면이 ABD인 각뿔을 기호 C−ABD로 나타내자. 그러면 유클리드의 증명 과정을 다음과 같이 요약할 수 있다.

선분 BD를 그어서, 평행사변형 ABED를 이등분해라. 그러면

각뿔 C−ABD = 각뿔 C−DEB[12권 법칙 5]

그리고 각뿔 C−DEB ≡ 각뿔 D−EBC

선분 EC를 그어서, 평행사변형 EBCF를 이등분해라. 그러면

각뿔 D−EBC = 각뿔 D−ECF

그러므로 각뿔 C−ABD = 각뿔 D−EBC = 각뿔 D−ECF

그리고 이들 세 각뿔을 더하면 원래 각기둥이 된다. 그러므로 이들 각각의 부피는 각기둥 부피의 삼분의 일이다.

그리고 각뿔 C−ABD ≡ 각뿔 D−ABC

이니, 각뿔 D−ABC = $\frac{1}{3}$ 각기둥 (ABC, DEF)

**딸린 법칙**

각뿔과 각기둥이 밑면이 같고 높이가 같으면, 각뿔의 부피는 각기둥 부피의 삼분의 일이다.

**법칙 8**

밑면이 삼각형인 닮은꼴 각뿔들의 부피 비율은 대응하는 변들의 비율의 세 겹이다.

증명 삼각형 ABC가 밑면이고 점 G가 꼭짓점인 각뿔과 삼각형 DEF가 밑면이고 점 H가 꼭짓점인 각뿔이 닮은꼴이라고 하자. 그러면 각뿔 ABCG와 각뿔 DEFH의 부피 비율은 BC와 EF의 비율의 세 겹임을 보여야 한다. 평행면 입체 BGML, EHQP를 완성하여라. 각뿔 ABCG와 각뿔 DEFH가 닮은꼴이니, 각 ABC와 각 DEF는 크기가 같고, 각 GBC와 각 HEF는 크기가 같고, 각 ABG와 각 DEH는 크기가 같으며, AB와 DE의 비율은 BC와 EF의 비율과 같고, 또한 BG와 EH의 비율과 같다.

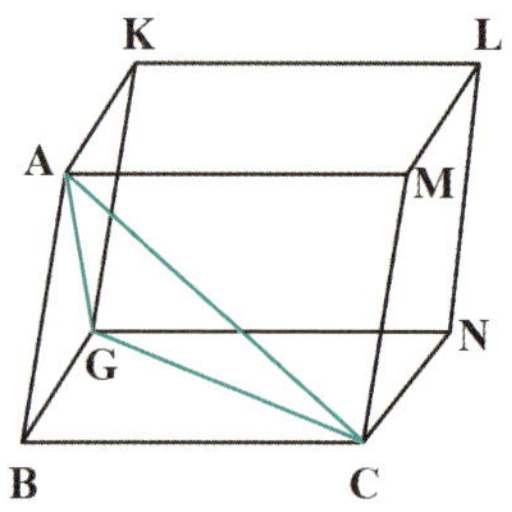


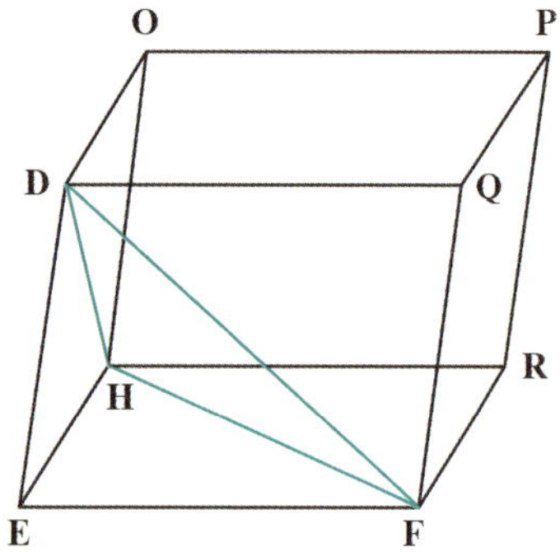


AB와 DE의 비율은 BC와 EF의 비율과 같으니, 크기가 같은 각을 끼고 있는 변들의 비율이 같으며, 따라서 평행사변형 ABCM과 평행사변형 DEFQ는 닮은꼴이다. 마찬가지 이유로 평행사변형 BCNG와 평행사변형 EFRH는 닮은꼴이며, 평행사변형 ABGK와 평행사변형 DEHO는 닮은꼴이다. 그러므로 세 평행사변형 ABCM, ABGK, BCNG가 세 평행사변형 DEFQ, DEHO, EFRH와 각각 닮은꼴이다. 그런데 세 평행사변형 ABCM, ABGK, BCNG는 맞은편 세 면과 각각 크기가 같고 닮은꼴이며, 세 평행사변형 DEFQ, DEHO, EFRH도 맞은편 세 면과 각각 크기가 같고 닮은꼴이다. [11권 법칙 24] 그러므로 평행면 입체 BGML과 EHQP는 개수가 같은 닮은꼴 도형들로 둘러싸여 있다. 그러므로 평행면 입체 BGML과 EHQP는 닮은꼴이다.

그런데 닮은꼴 평행면 입체들의 부피 비율은 대응하는 변들의 길이 비율의 세 겹이다. [11권 법칙 33] 그러므로 평행면 입체 BGML과 평행면 입체 EHQP의 부피 비율은 대응하는 변 BC와 EF의 비율의 세 겹이다. 그런데 평행면 입체 BGML과 평행면 입체 EHQP의 부피 비율은 각뿔 ABCG와 각뿔 DEFH의 부피 비율과 같다. 왜냐 하면, 삼각기둥의 부피는 평행면 입체 부피의 절반이고 [11권 법칙 28], 각뿔의 부피는 각기둥 부피의 삼분의 일이니 [12권 법칙 7], 각뿔의 부피는 평행면 입체 부피의 육분의 일이기 때문이다. 그러므로 각뿔 ABCG와 각뿔 DEFH의 부피 비율은 BC와 EF의 비율의 세 겹이다.

그러므로 이 법칙이 성립한다. □

해설 두 개의 삼각뿔이 서로 닮은꼴이니, 그림처럼 평행면 입체들을 만들면, 그들도 서로 닮은꼴임을 보였다.

따라서 이 평행면 입체들의 부피 비율은 대응하는 변들의 길이 비율의 세 겹(세제곱)과 같다. [11권 법칙 33] 삼각뿔들의 부피는 이들 부피의 육분의 일이니(밑면이 같은 삼각기둥 부피의 삼분의 일인데, 삼각기둥의 부피는 11권 법칙 28에 따라서 평행면 입체 부피의 절반이다), 삼각뿔들의 부피 비율은 그것과 같다.

**딸린 법칙**

**밑면이 다각형인 닮은꼴 각뿔들의 부피 비율도 대응하는 변들의 길이 비율의 세 곱이 됨이 명백하다.**

증명 이 각뿔들이 그 밑면이 닮은꼴 다각형들이니, 그 밑면을 같은 개수의 닮은꼴 삼각형들로 분할할 수 있다. [6권 법칙 20] 그러니 이 각뿔들을 밑면이 삼각형인 같은 개수의 닮은꼴 삼각뿔들로 분할할 수 있다. 그러면 다각뿔 속에 들어 있는, 밑면이 삼각형인 한 삼각뿔은, 그에 대응하는 다른 다각뿔 속의 삼각뿔과의 부피 비율이, 다각뿔 속의 모든 삼각뿔들을 더한 것과, 다른 다각뿔 속의 모든 삼각뿔들을 더한 것과의 부피 비율과 같다. [5권 법칙 12] 바꿔 말하면, 한 다각뿔과 다른 다각뿔과의 부피 비율과 같다.

그런데 밑면이 삼각형인 삼각뿔은 닮은꼴 삼각뿔과의 부피 비율이, 대응하는 변들 사이의 길이 비율의 세 곱과 같다. 그러므로 밑면이 다각형인 다각뿔은 그와 닮은꼴인 다각뿔과의 부피 비율이, 대응하는 변들 사이의 길이 비율의 세 곱과 같다. □

해설 이 딸린 법칙은 쓰일 법한 곳에서 쓰이지 않고 있다. (12권 법칙 12 해설 참조.) 그러니 이 딸린 법칙은 후대 사람들이 덧붙여 놓은 것 같다.

**법칙 9**

**밑면이 삼각형이며 부피가 같은 각뿔들은 밑면의 넓이가 높이에 역으로 비례한다. 그리고 밑면의 넓이가 높이에 역으로 비례하는 삼각뿔들은 부피가 같다.**

증명 밑면이 삼각형 ABC이고 꼭짓점이 G인 각뿔과 밑면이 삼각형 DEF이고 꼭짓점이 H인 각뿔이 부피가 같다고 하자. 그러면 각뿔 ABCG, DEFH는 밑면의 넓이가 높이에 역으로 비례함을 보여야 한다. 즉 밑면 ABC와 밑면 DEF의 넓이 비율이 각뿔 DEFH와 각뿔 ABCG의 높이 비율과 같음을 보여야 한다.

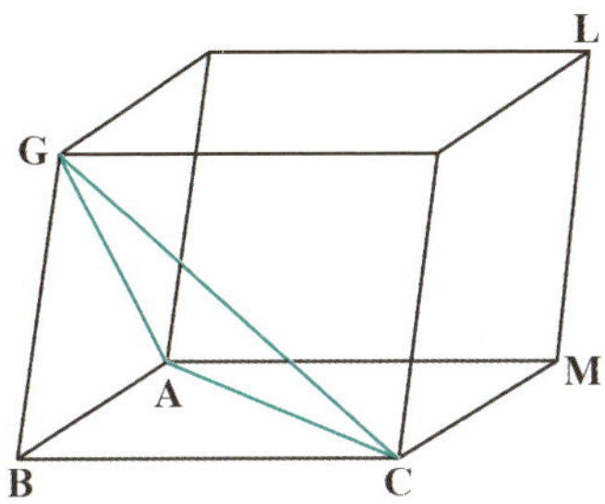


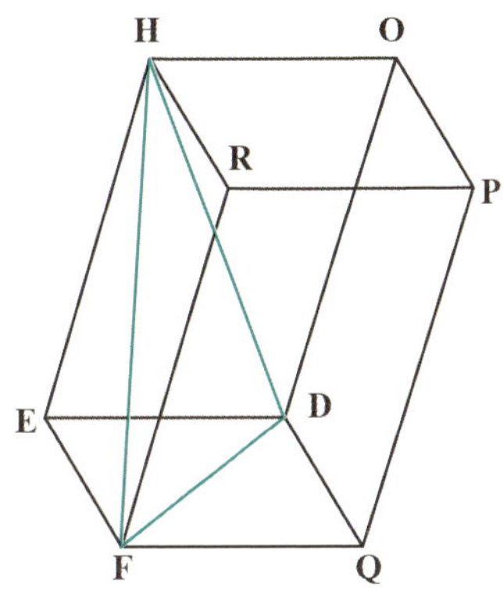


평행면 입체 BGML과 EHQP를 완성하여라. 각뿔 ABCG와 각뿔 DEFH는 부피가 같고, 평행면 입체 BGML의 부피는 각뿔 ABCG의 부피의 여섯 배이고, 평행면 입체 EHQP의 부피는 각뿔 DEFH의 부피의 여섯 배이니, 평행면 입체 BGML과 평행면 입체 EHQP는 부피가 같다.

그런데 부피가 같은 평행면 입체들은 밑면의 넓이가 높이에 역으로 비례한다. [11권 법칙 34] 그러므로 밑면 BM과 밑면 EQ의 넓이 비율은 평행면 입체 EHQP와 평행면 입체 BGML의 높이 비율과 같다. 그런데 밑면 BM과 밑면 EQ의 넓이 비율은 삼각형 ABC와 삼각형 DEF의 넓이 비율과 같다. [1권 법칙 34] 그러므로 삼각형 ABC와 삼각형 DEF의 넓이 비율은 평행면 입체 EHQP와 평행면 입체 BGML의 높이 비율과 같다.

그런데 평행면 입체 EHQP는 각뿔 DEFH와 높이가 같으며, 평행면 입체 BGML은 각뿔 ABCG와 높이가 같다. 그러므로 밑면 ABC와 밑면 DEF의 넓이 비율은 각뿔 DEFH와 각뿔 ABCG의 높이 비율과 같다.

그 다음, 각뿔 ABCG와 DEFH의 밑면의 넓이가 높이에 역으로 비례한다고 하자. 즉 밑면 ABC와 밑면 DEF의 넓이 비율이 각뿔 DEFH와 각뿔 ABCG의 높이 비율과 같다고 하자. 그러면 각뿔 ABCG와 각뿔 DEFH는 부피가 같음을 보여야 한다.

앞에서와 마찬가지로 평행면 입체들을 만들어라. 밑면 ABC와 밑면 DEF의 넓이 비율은 각뿔 DEFH와 각뿔 ABCG의 높이 비율과 같은데, 밑면 ABC와 밑면 DEF의 넓이 비율은 평행사변형 BM과 평행사변형 EQ의 넓이 비율과 같으니, 평행사변형 BM과 평행사변형 EQ의 넓이 비율도 각뿔 DEFH와 각뿔 ABCG의 부피 비율과 같다. [5권 법칙 11]

그런데 각뿔 DEFH와 평행면 입체 EHQP는 높이가 같고, 각뿔 ABCG와 평행면 입체 BGML은 높이가 같다. 그러므로 밑면 BM과 밑면 EQ의 넓이 비율은 평행면 입체 EHQP와 평행면 입체 BGML의 높이 비율과 같다.

그런데 밑면의 넓이가 높이에 역으로 비례하는 평행면 입체들은 부피가 같다. [11권 법칙 34] 그러므로 평행면 입체 BGML은 평행면 입체 EHQP와 부피가 같다. 그런데 삼각뿔 ABCG의 부피는 평행면 입체 BGML의 부피의 육분의 일이며, 삼각뿔 DEFH의 부피는 평행면 입체 EHQP의 부피의 육분의 일이다. 그러므로 삼각뿔 ABCG와 삼각뿔 DEFH는 부피가 같다.

그러므로 이 법칙이 성립한다. □

해설 삼각형 밑면의 두 배가 되도록 평행사변형을 잡고, 이 평행사변형을 밑면으로 해서 삼각뿔과 높이가 같도록 평행면 입체를 만들면, 삼각뿔의 부피는 평행면 입체 부피의 육분의 일이 된다.

(1) 그러니 만약 삼각뿔들의 부피가 같으면, 평행면 입체들도 서로 부피가 같다.

평행면 입체들이 서로 부피가 같으니, 밑면의 넓이는 높이에 역으로 비례한다. [11권 법칙 34] 그러므로 부피가 같은 삼각뿔들의 밑면의 넓이는 (평행면 입체들 밑면 넓이의 절반이니) 높이에 역으로 비례한다.

(2) 삼각뿔들의 밑면의 넓이가 높이에 역으로 비례한다고 하자. 그러면 평행면 입체들도 밑면의 넓이가 높이에 역으로 비례한다. (왜냐 하면, 평행면 입체들의 밑면의 넓이는 삼각뿔들의 밑면의 넓이의 두 배이기 때문이다.)

그러므로 이 평행면 입체들은 부피가 같다. [11권 법칙 34] 그러므로 이들 부피의 육분의 일인 삼각뿔들도 서로 부피가 같다.

**법칙 10**

**원뿔의 부피는 그것과 밑면이 같고 높이가 같은 원기둥 부피의 삼분의 일이다.**

증명 어떤 원뿔과 원기둥이 원 ABCD를 밑면으로 공유하고 있다고 하자. 그리고 높이가 같다고 하자. 그러면 원뿔의 부피는 원기둥 부피의 삼분의 일임을 보여야 한다. 즉 원기둥의 부피는 원뿔 부피의 세 배임을 보여야 한다.

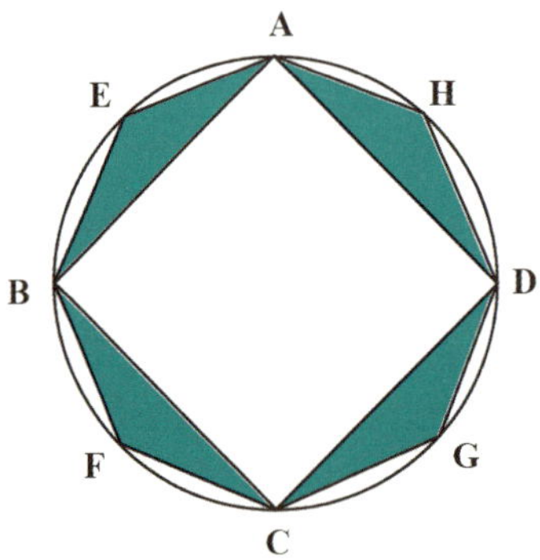


원기둥의 부피가 원뿔 부피의 세 배가 아니라면, 원기둥의 부피는 원뿔 부피의 세 배보다 더 크거나 더 작을 것이다. 우선, 세 배보다 더 크다고 하자. 원 ABCD의 안에 정사각형 ABCD를 내접시켜라. [4권 법칙 6] 그러면 정사각형 ABCD의 넓이는 원 ABCD의 넓이의 절반보다 더 넓다.

정사각형 ABCD를 밑면으로 해서 원기둥과 높이가 같도록 각기둥을 만들어라. 그러면 이 각기둥의 부피는 원기둥 부피의 절반보다 더 크다. 왜냐 하면, 원 ABCD에 외접하도록 정사각형을 만들면 [4권 법칙 7], 원 ABCD에 내접하는 정사각형의 넓이는 외접하는 정사각형 넓이의 절반이며, 이들을 밑면으로 하여 높이가 같도록 각기둥들을 세우면, 이것들은 평행면 입체들이며 높이가 같으니 부피 비율이 밑면의 넓이 비율과 같다. [11권 법칙 32]

그러므로 정사각형 ABCD를 밑면으로 한 각기둥의 부피는 원 ABCD에 외접하는 정사각형을 밑면으로 한 각기둥 부피의 절반이다. [11권 법칙 28, 12권 법칙 6, 7, 딸린 법칙] 그리고 원기둥의 부피는 원 ABCD에 외접하는 정사각형을 밑면으로 한 각기둥의 부피보다 더 작다. 그러므로 정사각형 ABCD를 밑면으로 해서 원기둥과 높이가 같도록 각기둥을 만들면 그 부피는 원기둥 부피의 절반보다 더 크다. 호 AB, BC, CD, DA를 이등분하는 점을 E, F, G, H라 하자. 선분 AE, EB, BF, FC, CG, GD, DH, HA를 그어라. 그러면 삼각형 AEB, BFC, CGD, DHA는 자신들을 내포하고 있는 활꼴들 넓이의 절반보다 더 넓다. 이것은 앞에서 증명했다. [12권 법칙 2] 삼각형 AEB, BFC, CGD, DHA를 밑면으로 해서 원기둥과 높이가 같도록 각기둥들을 만들어라. 그러면 이 각기둥들의 부피는 자신들을 내포하고 있는 활꼴기둥들 부피의 절반보다 더 크다. 왜냐 하면, 점 E, F, G, H에서 선분 AB, BC, CD, DA에 평행하도록 선분들을 그어서 평행사변형들을 만들어 선분 AB, BC, CD, DA에다 붙인 다음, 이 평행사변형들을 밑면으로 해서 원기둥과 높이가 같도록 각기둥들을 만들면, 삼각형 AEB, BFC, CGD, DHA를 밑면으로 해서 만든 각기둥들의 부피는 이 각기둥들 부피의 절반이다. 그리고 활꼴기둥들의 부피는 이 각기둥들의 부피보다 더 작다. 그러므로 삼각형 AEB, BFC, CGD, DHA를 밑면으로 해서 만든 각기둥들의 부피는 자신들을 내포하고 있는 활꼴기둥들 부피의 절반보다 더 크다.

남은 호들을 또 이등분하고, 점들을 선분으로 연결해서 삼각형들을 만든 다음 이들을 밑면으로 해서 원기둥과 높이가 같도록 각기둥들을 만들어라. 이 과정을 계속 되풀이해라. 그러면 원기둥에서 남는 부분의 부피가, 원기둥의 부피에서 원뿔 부피의 세 배를 뺀 것보다 더 작아지도록 할 수 있다. [10권 법칙 1]

이렇게 남은 부분이 AE, EB, BF, FC, CG, GD, DH, HA라고 하자. 그러면 다각형 AEBFCGDH를 밑면으로 해서 원기둥과 높이가 같도록 만든 각기둥의 부피는 원뿔 부피의 세 배보다 더 크다. 그런데 다각형 AEBFCGDH를 밑면으로 해서 원기둥과 높이가 같도록 만든 각기둥의 부피는, 다각형 AEBFCGDH를 밑면으로 해서 원뿔의 꼭짓점과 꼭짓점이 같도록 만든 각뿔 부피의 세 배이다. [12권 법칙 7, 딸린 법칙]

그러므로 다각형 AEBFCGDH를 밑면으로 해서 원뿔의 꼭짓점과 꼭짓점이 같도록 만든 각뿔의 부피는, 원 ABCD를 밑면으로 한 원뿔의 부피보다 더 크다. 그런데 이 원뿔은 이 각뿔을 내포하고 있으니, 이건 불가능하다. 그러므로 원기둥의 부피는 원뿔 부피의 세 배보다 클 수 없다.

이제 원기둥의 부피가 원뿔 부피의 세 배보다 작을 수 없음을 보이겠다. 만약에 이게 가능하다면, 원기둥의 부피가 원뿔 부피의 세 배보다 더 작다고 하자. 그러면 원뿔의 부피가 원기둥 부피의 삼분의 일보다 더 크다. 원 ABCD의 안에 정사각형 ABCD를 내접시켜라. 그러면 정사각형 ABCD의 넓이는 원 ABCD의 넓이의 절반보다 더 넓다. 정사각형 ABCD를 밑면으로 해서 원뿔과 꼭짓점이 같도록 각뿔을 만들어라. 그러면 이 각뿔의 부피는 원뿔 부피의 절반보다 더 크다. 왜냐 하면, 앞에서 증명한 것과 마찬가지로 원에 외접하도록 정사각형을 만들면, 정사각형 ABCD의 넓이는 원에 외접하는 정사각형 넓이의 절반이다.

이 두 정사각형들을 밑면으로 해서 원뿔과 높이가 같도록 평행면 입체들을 만들면, 이것들은 각기둥들이며, 정사각형 ABCD를 밑면으로 한 평행면 입체의 부피는 원에 외접하는 정사각형을 밑면으로 한 평행면 입체의 부피의 절반이다. 이들의 부피는 밑면의 넓이에 비례하기 때문이다. [11권 법칙 32]

그러므로 이들의 삼분의 일을 잡아도 이 비율이 된다. 그러므로 정사각형 ABCD를 밑면으로 한 각뿔의 부피는 원에 외접하는 정사각형을 밑면으로 한 각뿔의 부피의 절반이다. 그리고 원에 외접하는 정사각형을 밑면으로 한 각뿔의 부피는 원뿔 부피보다 더 크다. 그것을 포함하기 때문이다. 그러므로 정사각형 ABCD를 밑면으로 해서 원뿔과 꼭짓점이 같도록 만든 각뿔의 부피는 원뿔 부피의 절반보다 더 크다. 호 AB, BC, CD, DA를 이등분하는 점을 E, F, G, H라 하자. 선분 AE, EB, BF, FC, CG, GD, DH, HA를 그어라. 그러면 삼각형 AEB, BFC, CGD, DHA는 자신들을 내포하고 있는 활꼴들 넓이의 절반보다 더 넓다.

삼각형 AEB, BFC, CGD, DHA를 밑면으로 해서 원뿔과 꼭짓점이 같도록 각뿔들을 만들어라. 마찬가지 이유로, 이 각뿔들의 부피는 자신들을 내포하고 있는 활꼴뿔들 부피의 절반보다 더 크다.

남은 호들을 또 이등분하고, 점들을 선분으로 연결해서 삼각형들을 만든 다음 이들을 밑면으로 해서 원뿔과 꼭짓점이 같도록 각뿔들을 만들어라. 이 과정을 계속 되풀이해라. 그러면 원뿔에서 남는 부분의 부피가 원뿔의 부피에서 원기둥 부피의 삼분의 일을 뺀 것보다 더 작아지도록 할 수 있다. [10권 법칙 1]

이렇게 남은 부분이 AE, EB, BF, FC, CG, GD, DH, HA라고 하자. 그러면 다각형 AEBFCGDH를 밑면으로 해서 원뿔과 꼭짓점이 같도록 만든 각뿔의 부피는 원기둥 부피의 삼분의 일보다 더 크다. 그런데 다각형 AEBFCGDH를 밑면으로 해서 원뿔과 꼭짓점이 같도록 만든 각뿔의 부피는, 다각형 AEBFCGDH를 밑면으로 해서 원기둥과 높이가 같도록 만든 각기둥 부피의 삼분의 일이다. 그러므로 다각형 AEBFCGDH를 밑면으로 해서 원기둥과 높이가 같도록 만든 각기둥의 부피는, 원 ABCD를 밑면으로 한 원기둥의 부피보다 더 크다. 그런데 이 원기둥은 이 각기둥을 내포하고 있으니, 이건 불가능하다. 그러므로 원기둥의 부피는 원뿔 부피의 세 배보다 작을 수 없다. 그런데 세 배보다 클 수 없음을 이미 보였으니, 원기둥 부피는 원뿔 부피의 세 배이다. 그러므로 원뿔 부피는 원기둥 부피의 삼분의 일이다.

그러므로 이 법칙이 성립한다. □

해설 이 법칙의 증명 과정은 12권 법칙 2에서와 거의 같다. 차이가 있다면, 12권 법칙 2에서는 같이 잴 수 없는 비율이 나와서 그냥 비율로 표현할 수밖에 없었는데, 이 법칙에서는 비율이 1 대 3으로 정확하게 주어졌다는 점이다. 그러니 12권 법칙 2, 그리고 12권 법칙 11 등등에서 증명하는 것과는 달리, 이 법칙을 증명할 때에는 비례식을 사용하지 않아도 된다.

유클리드는 원기둥과 원뿔을 '소진(exhaust)'시키고 있다. 이들의 공통 밑면인 원에다 정다각형을 내접시키고, 그 정다각형을 밑면으로 해서, 높이가 같도록 각기둥과 각뿔을 만든다. 처음에는 정사각형, 그 다음에는 변의 개수를 8개로 늘리고, 그 다음에는 변의 개수를 16개로 늘리고, 이런 식으로 계속해 나간다.

다각형의 한 변을 AB라 하자. 호 AB를 이등분하는 점을 C라 하고, 선분 AC, CB를 그으면, 다음 번 다각형의 두 변을 얻었다. C

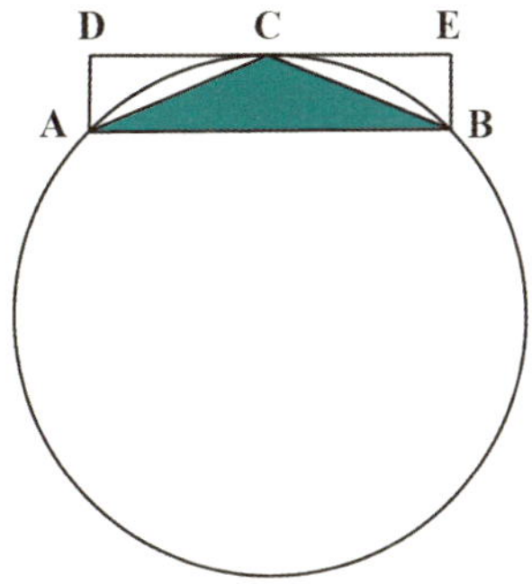


에서 접선 DE를 긋고, 평행사변형 ABED를 완성하여라.

AB를 변으로 가지는 다각형을 밑면으로 해서, 원기둥과 높이가 같도록 각기둥을 만들었다고 하자. 다음 번 다각형을 밑면으로 하고 높이가 같은 각기둥을 만들려면, 삼각형 ACB를 밑면으로 하고 높이가 같은 각기둥, 그리고 이것과 같은 종류의 각기둥들 모두를 기존의 각기둥에다 더하면 된다. 삼각형 ACB를 밑면으로 한 각기둥은, 평행사변형 ABED를 밑면으로 하고 높이가 같은 각기둥에 비해서 부피가 절반이다. (11권 법칙 28 참조.) 그리고 평행사변형 ABED를 밑면으로 하는 각기둥은, 원기둥 중에서 활꼴 ACB를 밑면으로 가지는 부분(즉 활꼴 ACB를 밑면으로 가지는 활꼴기둥)을 포함하고 있으니, 그것보다 부피가 더 크다. AB를 한 변으로 가지는 다각형의 나머지 변들에서도 이와 똑같이 된다.

우선 원에 내접하는 정사각형을 밑면으로 하는 각기둥을 만들어라. 그러면 이 각기둥은 원기둥 부피의 절반이 넘는다. 그 다음에 정팔각형을 밑면으로 하는 각기둥을 잡으면, 원기둥에서 사각기둥을 빼고 남은 부분의 절반 이상이 사라진다. 이렇게 계속해 나가라.

그러면 아무리 작은 부피를 주더라도, 이 과정을 충분한 횟수만큼 되풀이하면, 원기둥에서 각기둥을 빼고 남은 부분의 부피가 주어진 부피보다 더 작아지게 된다. [10권 법칙 1] 이 다각형들을 밑면으로 해서 각뿔들을 차례차례 잡아 나가면, 마찬가지 방법으로 원뿔을 소진시킬 수 있다.

만약에 원뿔의 부피가 원기둥 부피의 삼분의 일이 아니라면, 더 크거나 더 작을 것이다. 원뿔의 부피를 V, 원기둥의 부피를 O라 하자.

(1) 만약에 가능하다면,

$$O > 3V$$

라 하자.

밑면에 내접하는 정다각형의 변의 수를 계속 늘리면서, 그것을 밑면으로 하여 각기둥들을 계속 만들어 나가서, 원기둥에서 각기둥 P를 뺀 것이 O − 3V보다 더 작아지도록 해라. 즉

$$O > P > 3V$$

그런데 P는 밑면이 같고 높이가 같은 각뿔 부피의 세 배이다. 그리고 이 각뿔은 원뿔 V 속에 들어가니, V보다 부피가 작다. 그러므로

$$P < 3V$$

그러나 $P > 3V$

가 되도록 잡았으니, 모순이 생겼다.

그러므로 $O \not> 3V$

(2) 만약에 가능하다면,

$$O < 3V$$

라 하자.

원뿔에 내접하는 각뿔들을 계속 잡아 나가서, 원뿔에서 각뿔 L

을 뺀 것이 V− $\frac{1}{3}$O보다 더 작아지도록 해라. 즉

$$V > L > \frac{1}{3}O$$

그런데 L은 밑면이 같고 높이가 같은 각기둥 부피의 삼분의 일이다. 그리고 이 각기둥은 원기둥 O 속에 들어가니, O보다 부피가 작다.

그러므로

$$L < \frac{1}{3}O$$

그러나 $$L > \frac{1}{3}O$$

가 되도록 잡았으니, 모순이 생겼다.

그러므로 O는 3V보다 더 클 수도, 더 작을 수도 없다. 따라서

$$O = 3V$$

12권 법칙 2에서와 마찬가지로, 여기서도 유클리드는 입체의 안에서 다면체를 만들어 나가 소진시키고 있다. 그러니 소진해 나갈 입체가, 부피가 같음을 증명하려는 입체보다 더 크다고 놓아야 한다. 그렇기 때문에, 두 번째 부분에서는 원래 가정한 것을 뒤집어 놓아야 한다. 12권 법칙 2 해설에 나오듯이, 아르키메데스의 방법을 따라서, 원뿔과 원기둥에 외접하도록 각뿔들과 각기둥들을 잡아 나갈 수도 있다.

### 법칙 11

**높이가 같은 원뿔들이나 원기둥들의 부피 비율은 밑면의 넓이 비율과 같다.**

증명 높이가 같은 원뿔들과 원기둥들이 있다고 하자. 이들의 밑면이 원 ABCD, EFGH이고, 이들의 축이 KL, MN이고, 밑면의 지름이 AC, EG라고 하자. 그러면 원 ABCD와 원EFGH의 넓이 비율이 원뿔 AL과 원뿔 EN의 부피 비율과 같음을 보여야 한다.

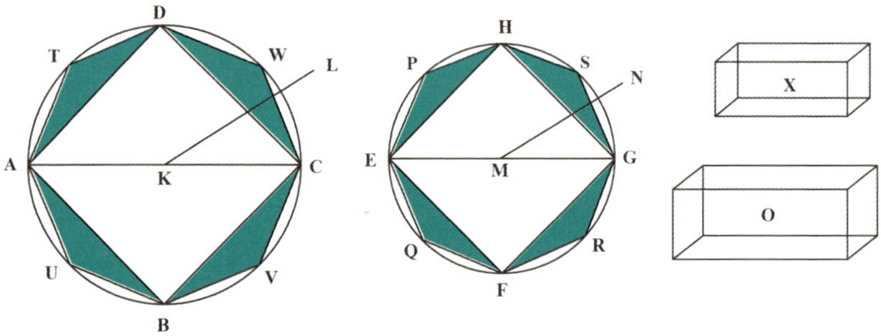


만약에 같지 않다면, 원 ABCD와 원 EFGH의 넓이 비율과 같도록 하려면, 원뿔 AL은 원뿔 EN보다 부피가 더 크거나 더 작은 입체와 부피 비율을 구해야 한다. 우선, 부피가 더 작은 입체 O와 부피 비율을 구해야 같아진다고 하자. 원뿔 EN의 부피에서 입체 O의 부피를 뺀 것이 입체 X의 부피와 같다고 하자. 그러면 원뿔 EN의 부피는 입체 O, X의 부피를 더한 것과 같다.

원 EFGH에 내접하도록 정사각형 EFGH를 그려라. 그러면 정사각형의 넓이는 원 넓이의 절반보다 더 넓다. 정사각형 EFGH를 밑면으로 해서 원뿔과 높이가 같도록 각뿔을 만들어라. 그러면 이 각뿔의 부피는 원뿔 부피의 절반보다 더 크다.

왜냐 하면, 원에 외접하도록 정사각형을 그린 다음 그것을 밑면으로 해서 원뿔과 높이가 같도록 각뿔을 만들면, 내접하는 각뿔의 부피는 외접하는 각뿔의 부피의 절반이 된다. 이들의 부피 비율은 밑면의 넓이 비율과 같기 때문이다. [12권 법칙 6] 그런데 원뿔의 부피는 외접하는 각뿔의 부피보다 더 작으니 이 성질이 성립한다.

호 HE, EF, FG, GH를 이등분하는 점을 P, Q, R, S라 하자. 선분 HP, PE, EQ, QF, FR, RG, GS, SH를 그어라. 그러면 삼각형 HPE, EQF, FRG, GSH의 넓이는 이들을 내포하는 활꼴 넓이의 절반보다 더 넓다. 삼각형 HPE, EQF, FRG, GSH를 밑면으로 해서 원뿔과 높이가 같도록 각뿔들을 만들어라. 그러면 이 각뿔들의 부피는 활꼴들을 밑면으로 해서 만든 활꼴뿔들 부피의 절반보다 더 크다. 그러므로 남은 호들을 이등분하고, 점들을 선분으로 연결하여 삼각형들을 만든 다음 이들을 밑면으로 해서 각뿔과 높이가 같도록 각기둥들을 만들고, 이 과정을 계속 되풀이해라. 그러면 원뿔에서 남게 되는 부분은 입체 X의 부피보다 더 작아지게 된다. [10권 법칙 1] 이렇게 더 작아지도록 남은 부분이 HP, PE, EQ, QF, FR, RG, GS, SH라 하자. 그러므로 다각형 HPEQFRGS를 밑면으로 해서 원뿔과 높이가 같도록 만든 각뿔의 부피는 입체 O의 부피보다 더 크다. 다각형 HPEQFRGS와 닮은꼴인 다각형 DTAUBVCW를 원 ABCD의 안에 내접하도록 만들어라. 이 다각형을 밑면으로 해서 원뿔 AL과 높이가 같도록 각뿔을 만들어라.

AC로 만든 정사각형과 EG로 만든 정사각형의 넓이 비율은 다각형 DTAUBVCW와 다각형 HPEQFRGS의 넓이 비율과 같다. [12권 법칙 1] 그리고 AC로 만든 정사각형과 EG로 만든 정사각형의 넓이 비율은 원 ABCD와 원 EFGH의 넓이 비율과 같다. [12권 법칙 2] 그러므로 원 ABCD와 원 EFGH의 넓이 비율은 다각형 DTAUBVCW와 다각형 HPEQFRGS의 넓이 비율과 같다.

그런데 원 ABCD와 원 EFGH의 넓이 비율은 원뿔 AL과 입체

O의 부피 비율과 같다. 그리고 다각형 DTAUBVCW와 다각형 HPEQFRGS의 넓이 비율은, 다각형 DTAUBVCW를 밑면으로 해서 점 L이 꼭짓점이 되도록 만든 각뿔과 다각형 HPEQFRGS를 밑면으로 해서 점 N이 꼭짓점이 되도록 만든 각뿔의 부피 비율과 같다. [12권 법칙 6] 그러므로 원뿔 AL과 입체 O의 부피 비율도, 다각형 DTAUBVCW를 밑면으로 해서 점 L이 꼭짓점이 되도록 만든 각뿔과 다각형 HPEQFRGS를 밑면으로 해서 점 N이 꼭짓점이 되도록 만든 각뿔의 부피 비율과 같다. [5권 법칙 11] 그러므로 바꾼 비례식에 따라서 원뿔 AL과 그 안에 들어 있는 각뿔의 부피 비율이 입체 O와 원뿔 EN 안에 들어 있는 각뿔의 부피 비율과 같다. [5권 법칙 16] 그런데 원뿔 AL은 그 안에 들어 있는 각뿔보다 부피가 더 크다. 그러므로 입체 O도 원뿔 EN에 들어 있는 이 각뿔보다 부피가 더 크다. 그러나 O의 부피는 이 각뿔의 부피보다 더 작다고 했으니, 이건 모순이다. 그러므로 원뿔 AL은 원뿔 EN보다 부피가 더 작은 입체와 비교하면 그 부피 비율이 원 ABCD와 원 EFGH의 넓이 비율과 같아질 수 없다.

마찬가지 방법으로 원뿔 EN은 원뿔 AL보다 부피가 더 작은 입체와 비교하면 그 비율이 원 EFGH와 원 ABCD의 넓이 비율과 같아질 수 없음을 보일 수 있다.

그 다음, 원뿔 AL은 원뿔 EN보다 부피가 더 큰 입체와 비교하면 그 비율이 원 ABCD와 원 EFGH의 넓이 비율과 같아질 수 없음을 보이겠다. 만약에 이게 가능하다면, 부피가 더 큰 입체 O와 비교해서 이 비율이 된다고 하자. 그러면 역으로 원 EFGH와 원

ABCD의 넓이 비율은 입체 O와 원뿔 AL의 부피 비율과 같다.

그런데 입체 O와 원뿔 AL의 부피 비율은, 원뿔 EN과 원뿔 AL보다 더 작은 어떤 입체와의 부피 비율과 같다. 그러므로 원 EFGH와 원 ABCD의 넓이 비율도, 원뿔 EN과 원뿔 AL보다 더 작은 어떤 입체와의 부피 비율과 같다. 그러나 이건 불가능함을 증명하였다. 그러므로 원뿔 AL은 원뿔 EN보다 부피가 더 큰 입체와 비교하면 그 부피 비율이 원 ABCD와 원 EFGH의 넓이 비율과 같아질 수 없다. 그런데 부피가 더 작은 입체와도 이 비율이 될 수 없음을 증명하였다. 그러므로 원 ABCD와 원 EFGH의 넓이 비율은 원뿔 AL과 원뿔 EN의 부피 비율과 같다.

원기둥과 원기둥의 부피 비율은 원뿔과 원뿔의 부피 비율과 같다. 왜냐 하면, 각각 세 배이기 때문이다. [12권 법칙 10] 그러므로 원 ABCD와 원 EFGH의 넓이 비율은 이들을 밑면으로 하고 높이가 같은 원기둥들의 부피 비율과 같다.

그러므로 이 법칙이 성립한다. □

해설 원뿔과 원기둥을 소진해 나가도록 각뿔들과 각기둥들을 차례차례 잡는 과정을 또 설명하지는 않겠다. 두 원뿔의 부피를 Z, Z'라 하고, 이들의 밑면의 넓이를 $\beta$, $\beta'$라 하자.

만약에 $$\beta : \beta' \neq Z : Z'$$
이면, Z'보다 더 작거나 또는 더 큰 O가 있어서,
$$\beta : \beta' = Z : O$$
가 될 것이다.

(1) O가 Z'보다 더 작다고 해 보자.

Z'에다 각뿔 L'을 내접시켜서, 남은 부분의 부피가 Z' − O보다 더 작아지도록 해라. 즉

$$Z' > L' > O$$

L'의 밑면과 닮은꼴인 다각형을 Z의 밑면에 내접시키고, 그 다각형을 밑면으로 각뿔 L을 만들어서 Z 속에 내접시켜라.

밑면의 지름을 각각 d, d'라 하면,

$\beta : \beta' = d^2 : d'^2$ [12권 법칙 2]

$= \beta$ 속의 다각형 : $\beta'$' 속의 다각형 [12권 법칙 1]

$= L : L'$ [12권 법칙 6]

그러므로 $Z : O = L : L'$

따라서 $Z : L = O : L'$

그런데 Z는 L을 포함하고 있으니,

$$Z > L$$

따라서 $O > L'$

그러나 $L' > O$

가 되도록 잡았으니, 모순이 생겼다.

그러므로 $O \nless Z$

(2) O가 Z'보다 더 크면서

$$\beta : \beta' = Z : O$$

라고 해 보자.

그러면 $\beta : \beta' = P : Z'$

여기서 P는 Z보다 부피가 작은 입체이다.

즉 $\beta' : \beta = Z' : P$

그리고 $P < Z$이다. 그러나 (1)에서 증명한 것과 똑같은 방법으로, 이것이 불가능함을 보일 수 있다. 그러므로 Z는 Z'보다 더 작은 입체나 더 큰 입체와 비율을 구하면 $\beta$와 $\beta'$의 비율과 같아질 수가 없다. 그러므로

$$\beta : \beta' = Z : Z'$$

원기둥들의 부피는 각각 3Z, 3Z'이니, 이들 사이의 비율은 각뿔들 사이의 부피 비율과 똑같아서, 역시 이 비례식을 만족한다.

**법칙 12**

**닮은꼴 원뿔들이나 원기둥들의 부피 비율은 밑면 지름의 비율의 세 곱이다.**

증명 닮은꼴 원뿔들과 원기둥들이 있다고 하자. 원 ABCD, EFGH가 이들의 밑면이며, 밑면의 지름은 BD, FH이고, 이들의 축은 KL, MN이라고 하자. 그러면 원 ABCD가 밑면이고 L이 꼭짓점인 원뿔과 원 EFGH가 밑면이고 N이 꼭짓점인 원뿔의 부피 비율은 BD와 FH의 길이 비율의 세 곱임을 보여야 한다.

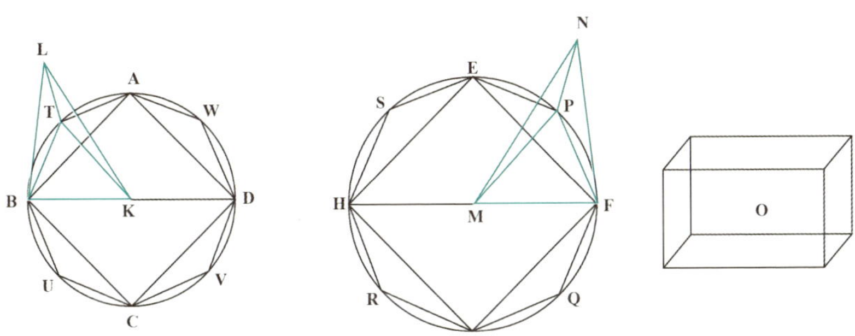

만약에 원뿔 ABCDL과 원뿔 EFGHN의 부피 비율이 BD와 FH의 비율의 세 겹이 아니라면, 원뿔 ABCDL은 원뿔 EFGHN보다 부피가 더 크거나 더 작은 입체와 부피 비율을 구해야 그런 비율이 될 것이다. 우선, 부피가 더 작은 입체인 O와 비율을 구해야 그렇게 된다고 하자. 원 EFGH에 내접하도록 정사각형 EFGH를 그려라. [4권 법칙 6] 그러면 정사각형 EFGH의 넓이는 원 EFGH의 절반 넓이보다 더 넓다. 정사각형 EFGH를 밑면으로 해서 원뿔과 꼭짓점이 같도록 각뿔을 만들어라. 그러면 이 각뿔의 부피는 원뿔 부피의 절반보다 더 크다. 호 EF, FG, GH, HE를 이등분하는 점을 P, Q, R, S라 하자. 선분 EP, PF, FQ, QG, GR, RH, HS, SE를 그어라. 그러면 삼각형 EPF, FQG, GRH, HSE의 넓이는 이들을 내포하는 활꼴 넓이의 절반보다 더 넓다. 삼각형 EPF, FQG, GRH, HSE를 밑면으로 해서 원뿔과 높이가 같도록 각뿔들을 만들어라. 그러면 이 각뿔들의 부피는 활꼴들을 밑면으로 해서 만든 활꼴뿔들 부피의 절반보다 더 크다. 남은 호들을 이등분하고, 점들을 선분으로 연결하여 삼각형들을 만든 다음 이들을 밑면으로 해서 각뿔과 높이가 같도록 각기둥들을 만들고, 이 과정을 계속 되풀이해라. 그러면 원뿔에서 남게 되는 부분의 부피는 원뿔 EFGHN의 부피에서 입체 O의 부피를 뺀 것보다 더 작아지게 된다. [10권 법칙 1]

이렇게 더 작아지도록 남은 부분이 EP, PF, FQ, QG, GR, RH, HS, SE라 하자. 그러므로 다각형 EPFQGRHS가 밑면이고 N이 꼭짓점인 각뿔의 부피는 입체 O의 부피보다 더 크다.

다각형 EPFQGRHS와 닮은꼴인 다각형 ATBUCVDW를 원 ABCD의 안에 내접하도록 만들어라. 이 다각형을 밑면으로 해서 원뿔과 꼭짓점이 같도록 각뿔을 만들어라. 다각형 ATBUCVDW가 밑면이고 점 L이 꼭짓점인 각뿔의 옆면은 삼각형들인데, 그 중 하나를 LBT라 하자. 다각형 EPFQGRHS가 밑면이고 점 N이 꼭짓점인 각뿔의 옆면은 삼각형들인데, 그 중 하나를 NFP라 하자. 선분 KT, MP를 그어라. 원뿔 ABCDL과 원뿔 EFGHN은 닮은꼴이니, BD와 FH의 비율은 축 KL과 축 MN의 비율과 같다. [11권 정의 24] 그런데 BD와 FH의 비율은 BK와 FM의 비율과 같다. 그러므로 BK와 FM의 비율도 KL과 MN의 비율과 같다. 바꾼 비례식에 따라서 BK와 KL의 비율은 FM과 MN의 비율과 같다. [5권 법칙 16] 그러므로 같은 크기의 각 BKL, FMN을 끼고 있는 변들의 길이가 비례한다. 그러므로 삼각형 BKL과 삼각형 FMN은 닮은꼴이다. [6권 법칙 6] 그리고 BK와 KT의 비율은 FM과 MP의 비율과 같으며, 이들은 크기가 같은 각 BKT, FMP를 끼고 있다. 이 각들의 크기가 같은 이유는, 중점 K에서 각 BKT가 직각의 네 배에 대한 비율이 얼마이든, 중점 M에서 각 FMP가 직각의 네 배에 대해서 그와 똑같은 비율을 가지기 때문이다. 같은 크기의 각들을 끼고 있는 변들의 길이가 비례하니, 삼각형 BKT와 삼각형 FMP는 닮은꼴이다. [6권 법칙 6]

그런데 BK와 KL의 비율은 FM과 MN의 비율과 같음을 증명하였고, BK와 KT는 길이가 같고, FM과 PM은 길이가 같으니, TK와 KL의 비율은 PM과 MN의 비율과 같다. 그러므로 같은 크기의 각 TKL, PMN을 끼고 있는 변들의 길이가 비례한다. 이 각들은 둘 다 직각이니 크기가 같다. 그러므로 삼각형 LKT와 삼각형 NMP는 닮은꼴이다. [6권 법칙 6]

삼각형 LKB와 삼각형 NMF가 닮은꼴이니, LB와 BK의 비율은 NF와 FM의 비율과 같다. 그리고 삼각형 BKT와 삼각형 FMP가 닮은꼴이니, KB와 BT의 비율은 MF와 FP의 비율과 같다. 그러므로 LB와 BT의 비율은 같은 위치에 있는 NF와 FP의 비율과 같다. [5권 법칙 22] 그리고 삼각형 LTK와 삼각형 NPM이 닮은꼴이니, LT와 TK의 비율은 NP와 PM의 비율과 같다. 그리고 삼각형 TKB와 삼각형 PMF가 닮은꼴이니, KT와 TB의 비율은 MP와 PF의 비율과 같다. 그러므로 LT와 TB의 비율은 같은 위치에 있는 NP와 PF의 비율과 같다. [5권 법칙 22] 그런데 TB와 BL의 비율은 PF와 FN의 비율과 같음을 보였다. 그러므로 TL과 LB의 비율은 같은 위치에 있는 PN과 NF의 비율과 같다. [5권 법칙 22] 그러므로 두 삼각형 LTB, NPF는 변들의 길이가 비례한다. 그러므로 두 삼각형 LTB, NPF는 각들의 크기가 같으며 [6권 법칙 5], 따라서 이들은 닮은꼴이다. [6권 정의 1] 그러므로 삼각형 BKT가 밑면이고 점 L이 꼭짓점인 각뿔과 삼각형 FMP가 밑면이고 점 N이 꼭짓점인 각뿔은 닮은꼴이다. 왜냐 하면, 이들은 같은 개수의 닮은꼴 도형들로 둘러싸여 있기 때문이다. [11권 정의 9] 그런데 밑면이 삼각형인 닮은꼴 각뿔들의 부피 비율은 대응하는 변들의 길이 비율의 세 곱이다. [12권 법칙 8] 그러므로 삼각뿔 BKTL과 삼각뿔 FMPN의 부피 비율은 BK와 FM의 비율의 세 곱이다.

마찬가지 방법으로 점 K에서 점 A, W, D, V, C, U로 선분을 긋고, 점 M에서 점 E, S, H, R, G, Q로 선분을 그어서, 이 때 생기는 삼각형들을 밑면으로 해서 원뿔과 꼭짓점이 같도록 각뿔들을 만들면, 각각의 각뿔들은 그에 대응하는 각뿔들과의 부피 비율이 대응하는 변 BK와 대응하는 변 FM의 길이 비율의 세 겹임을 보일 수 있다. 즉 BD와 FH의 비율의 세 겹이다.

한 전자와 한 후자의 비율은 전자들을 모두 더한 것과 후자들을 모두 더한 것과의 비율과 같다. [5권 법칙 12] 그러므로 삼각뿔 BKTL과 삼각뿔 FMPN의 부피 비율은, 다각형 ATBUCVDW가 밑면이고 점 L이 꼭짓점인 전체 각뿔과 다각형 EPFQGRHS가 밑면이고 점 N이 꼭짓점인 전체 각뿔과의 부피 비율과 같다. 그러므로 다각형 ATBUCVDW가 밑면이고 점 L이 꼭짓점인 각뿔과 다각형 EPFQGRHS가 밑면이고 점 N이 꼭짓점인 각뿔과의 부피 비율도 BD와 FH의 비율의 세 겹과 같다. 그런데 가정에 따라서 원 ABCD가 밑면이고 점 L이 꼭짓점인 원뿔과 입체 O의 부피 비율은 BD와 FH의 비율의 세 겹이다. 그러므로 원 ABCD가 밑면이고 점 L이 꼭짓점인 원뿔과 입체 O의 부피 비율은, 다각형 ATBUCVDW가 밑면이고 점 L이 꼭짓점인 각뿔과 다각형 EPFQGRHS가 밑면이고 점 N이 꼭짓점인 각뿔과의 부피 비율과 같다. 그러므로 바꾼 비례식에 따라서 원 ABCD가 밑면이고 점 L이 꼭짓점인 원뿔과 다각형 ATBUCVDW가 밑면이고 점 L이 꼭짓점인 각뿔과의 부피 비율은, 입체 O와 다각형 EPFQGRHS가 밑면이고 점 N이 꼭짓점인 각뿔과의 부피 비율과 같다. 그런데 원뿔은 각뿔을 포함하고 있으니 부피가 더 크다. 그러므로 입체 O는 다각형 EPFQGRHS가 밑면이고 점 N이 꼭짓점인 각뿔보다 부피가 더 크다. 그러나 O는 이 각뿔보다 부피가 작다고 했으니, 이건 모순이다.

그러므로 원 ABCD가 밑면이고 점 L이 꼭짓점인 원뿔은, 원

EFGH가 밑면이고 점 N이 꼭짓점인 원뿔보다 부피가 더 작은 입체와 부피 비율을 구하면, 그 비율이 BD와 FH의 길이 비율의 세 겹이 될 수 없다. 마찬가지 방법으로 원뿔 EFGHN도 원뿔 ABCDL보다 부피가 더 작은 입체와 부피 비율을 구하면 그 비율이 FH와 BD의 길이 비율의 세 겹이 될 수 없음을 보일 수 있다.

그 다음, 원뿔 ABCDL은 원뿔 EFGHN보다 부피가 더 큰 입체와 부피 비율을 구하면 BD와 FH의 길이 비율의 세 겹이 될 수 없음을 보이겠다. 만약에 이게 가능하다면, 부피가 더 큰 입체 O와 부피 비율을 구하면 그 비율이 된다고 하자. 그러면 역으로 입체 O와 원뿔 ABCDL의 부피 비율은, FH와 BD의 비율의 세 겹과 같다. 그런데 입체 O와 원뿔 ABCDL의 부피 비율은, 원뿔 EFGHN과 원뿔 ABCDL보다 더 작은 입체와의 부피 비율과 같다. 그러므로 원뿔 EFGHN은 원뿔 ABCDL보다 더 작은 입체와 부피 비율을 구해서 FH와 BD의 비율의 세 겹과 같아졌다. 그러나 이건 불가능함을 증명하였다. 그러므로 원뿔 ABCDL은 원뿔 EFGHN보다 부피가 더 큰 입체와 부피 비율을 구하면 BD와 FH의 비율의 세 겹과 같아질 수 없다. 그런데 원뿔 EFGHN보다 부피가 더 작은 입체와 부피 비율을 구해도 그렇게 될 수 없음을 보였다. 그러므로 원뿔 ABCDL과 원뿔 EFGHN의 부피 비율은 BD와 FH의 길이 비율의 세 겹이다. 그런데 원뿔과 원뿔의 부피 비율은 원기둥과 원기둥의 부피 비율과 같다. 왜냐 하면, 밑면이 같고 높이가 같은 원기둥의 부피는 원뿔 부피의 세 배이기 때문이다. [12권 법칙 10] 그러므로 원기둥과 원기둥의 부피 비율도 BD와 FH의 길이 비율의 세 겹이다.

그러므로 이 법칙이 성립한다. □

해설 이 법칙의 증명 방법은 앞의 법칙에서와 거의 같다. 유일한 차이점이라면, 두 개의 닮은꼴 원뿔들의 밑면들에다 닮은꼴 다각형들을 내접시킨 다음, 그것들을 밑면으로 하고 원뿔들의 꼭짓점들을 꼭짓점으로 해서 각뿔들을 만들면, 그 각뿔들은 서로 닮은꼴이며, 그들의 부피 비율은 대응하는 변들의 길이 비율의 세 겹(세제곱)과 같음을 보여야 하는 것이다.

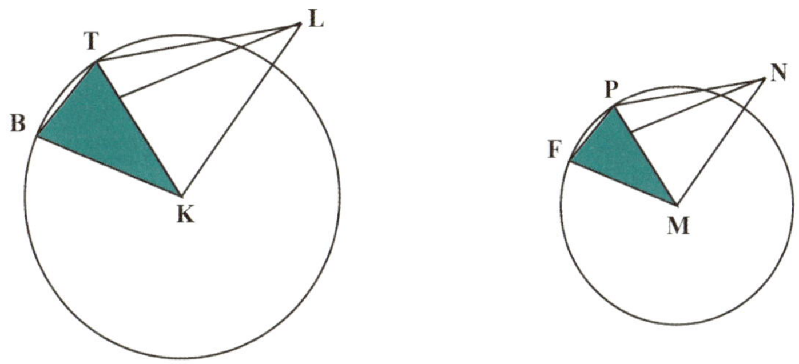


두 원뿔의 축을 KL, MN이라 하고, 꼭짓점을 L, N이라 하자. 밑면에 내접하고 있는 닮은꼴 다각형들의 대응하는 변들을 BT, FP라 하자. 선분 BK, TK, BL, TL, PM, FM, PN, FN을 그어라.

그러면 각 BKL, 각 FMN은 직각이고, 원뿔들이 서로 닮은꼴이니,

BK : KL = FM : MN [11권 정의 24]

그러므로 △BKL과 △FMN은 서로 닮은꼴이다. [6권 법칙 6]

마찬가지 이유로 △TKL과 △PMN도 서로 닮은꼴이다. 이제 △BKT, △FMP에서, 각 BKT와 각 FMP는 크기가 같다. 왜냐 하면, 정다각형의 변의 개수를 n이라 하면, 이들은 직각의 4/n배이기 때

문이다. 그리고 이 각들을 끼고 있는 변들의 길이가 비례한다.

그러므로 △BKT와 △FMP는 서로 닮은꼴이다. △BKL과 △FMN이 서로 닮은꼴이고, △BKT와 △FMP가 서로 닮은꼴이니,

LB : BK = NF : FM

BK : BT = FM : FP

같은 위치에 있는 항들은 비율이 같으니,

LB : BT = NF : FP

마찬가지로 LT : TB = NP : PF

이 비례식의 역을 취하고, 앞의 비례식과 연결해서, 같은 위치에 있는 항들의 비율이 같기 때문에,

LB : LT = NF : NP

그러므로 △LTB와 △NPF에서, 변들의 쌍은 서로 비율이 같다. 그러므로 △LTB와 △NPF는서로 닮은꼴이다. 그러므로 삼각뿔 L−BKT와 삼각뿔 N−FMP는 서로 닮은꼴이다.

똑같은 방법으로, 원래 각뿔들을 잘라서 생기는 삼각뿔들이 서로 닮은꼴임을 보일 수 있다.

그리고

삼각뿔 L−BKT : 삼각뿔 N−FMP = $(BK : FM)^3$

나머지 삼각뿔들 사이의 부피 비율도 이와 똑같이 된다. 그러므로 전자들을 모두 더한 것과 후자들을 모두 더한 것과의 비율은 이와 똑같이 된다. 즉

각뿔 L−ATBU … : 각뿔 N−EPFQ … = $(BK : FM)^3$

그리고 이 비율은 지름들 사이 길이 비율의 세 겹(세제곱)과 같다.

(유클리드가 여기서 삼각뿔들 사이의 부피 비율로부터 전체 각뿔들 사이의 부피 비율로 넘어가는 과정을 보면, 12권 법칙 8 뒤의 딸린 법칙이 과연 유클리드의 것인지 의심하지 않을 수 없다. 거기에 보면, 삼각뿔의 경우를 일반화하여 각뿔의 경우를 다루어 놓았다. 만약 그 딸린 법칙이 정말로 유클리드의 것이라면, 유클리드는 여기서 똑같은 논리를 되풀이할 필요 없이, 그것을 언급하면 되었을 것이다.)

이제 소진법을 적용할 차례가 되었다.

두 원뿔의 부피를 X, X'라 하고, 그들의 지름을 d, d'라 하자. 만약에

$$(d : d')^3 \neq X : X'$$

이면, X'보다 부피가 더 작거나 더 큰 O가 있어서,

$$(d : d')^3 = X : O$$

가 될 것이다.

(1) O < X'라고 해 보자.

X' 속에다 각뿔 L'을 내접시켜 넣어서, L'을 빼고 남은 부분의 부피가 X' − O 보다 더 작아지도록 해라. 즉

$$X' > L' > O$$

가 되도록 해라. 그리고 L'의 밑면과 닮은꼴인 다각형을 X의 밑면에 내접시키고, 그 다각형을 밑면으로 하고 X의 꼭짓점을 꼭짓점으로 해서, 각뿔 L을 만들어서 X에 내접시켜라.

그러면 앞에서 증명한 것에 따라서,

$$L : L' = (d : d')^3$$
$$= X : O$$ 가정에 따라서

비례식을 바꾸면, $L : X = L' : O$

그런데 X는 L을 포함하고 있으니, L보다 더 크다. 그러므로

$$O > L'$$

그러나 $O < L'$

이 되도록 잡았다. 그러니 모순이 생겼다.

그러므로 O는 X'보다 작을 수가 없다.

(2) $O > X'$이면서

$$(d : d')^3 = X : O$$

라고 해 보자. 그러면

$$(d : d')^3 = Z : X'$$

역으로 $(d' : d)^3 = X' : Z$

여기서 Z는 X보다 작은 입체이다.

그러나 이게 불가능함은 (1)에서와 똑같은 방법으로 보일 수 있다. 그러므로 O는 X'보다 더 클 수도, 더 작을 수도 없다. 그러므로

$$X : X' = (d : d')^3$$

**법칙 13**

어떤 원기둥을 양쪽 면에 평행한 평면으로 자르면, 이 때 생기는 원기둥과 원기둥의 부피 비율은 축과 축의 길이 비율과 같다.

증명 원기둥 AD가 있는데, 양쪽 면 AB, CD에 평행한 평면 GH로 이 원기둥을 잘라라. 평면 GH가 축과 만나는 점을 K라고 하자. 그러면 원기둥 BG와 원기둥 GD의 부피 비율은 축 EK와 축 KF의 길이 비율과 같음을 보여야 한다.

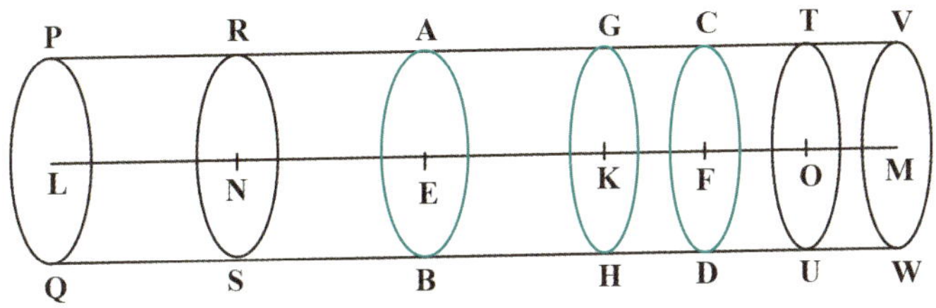


축 EF를 양쪽으로 길게 늘여서 양 끝을 L, M으로 나타내자. 축 EK와 길이가 같도록 축 EN, NL을 잡아라. 이 개수가 몇 개가 되더라도 좋다. 그리고 FK와 길이가 같도록 FO, OM을 잡아라. 이 개수가 몇 개가 되더라도 좋다. LM을 축으로, 원 PQ, VW를 밑면으로 해서 원기둥 PW를 만들어라. AB, CD, 그리고 원기둥 PW의 밑면들에 평행하면서 점 N, O를 지나는 평면들을 그려라. 이 평면들이 점 N, O를 중점으로 해서 원 RS, TU를 만든다고 하자.

그러면 축 LN, NE, EK는 모두 길이가 같으니, 원기둥 QR, RB, BG의 부피 비율은 밑면들의 넓이 비율과 같다. [12권 법칙 11] 그런데 이들의 밑면들은 모두 넓이가 같다. 그러므로 원기둥 QR, RB, BG는 모두 부피가 같다.

축 LN, NE, EK는 모두 길이가 같고, 원기둥 QR, RB, BG는 모두 부피가 같으며, 축의 개수와 원기둥의 개수도 똑같다. 그러므로 축 KL의 길이가 축 EK의 길이의 몇 배이든, 원기둥 QG의 부피는 원기둥 GB의 부피에 대해 그와 똑같은 배이다.

마찬가지 이유로 축 MK의 길이가 축 KF의 길이의 몇 배이든, 원기둥 WG의 부피는 원기둥 GD의 부피에 대해 그와 똑같은 배이다. 만약 축 KL과 축 KM이 길이가 같으면 원기둥 QG와 원기둥 GW도 부피가 같고, 만약 축이 더 길면 원기둥도 부피가 더 크고, 만약 축이 더 짧으면 원기둥도 부피가 더 작다. 여기에 네 개의 양들이 있다. 두 축 EK, KF, 두 원기둥 BG, GD. 축 EK와 원기둥 BG에다 같은 수를 곱해서 축 LK와 원기둥 QG를 얻었고, 축 KF와 원기둥 GD에다 또 어떤 같은 수를 곱해서 축 KM과 원기둥 GW를 얻었다. 그런데 KL이 KM보다 더 길면 QG도 GW보다 더 크고, 같으면 같고, 더 짧으면 더 작음을 증명하였다. 그러므로 축 EK와 축 KF의 길이 비율은 원기둥 BG와 원기둥 GD의 부피 비율과 같다. [5권 정의 5]

그러므로 이 법칙이 성립한다. □

해설 증명 방법은 6권 법칙 1, 11권 법칙 25에서와 거의 같으니, 따로 설명하지는 않겠다. 12권 법칙 11을 보면, 높이가 같은 원기둥들은 부피가 밑면의 넓이에 비례한다고 했는데, 축의 길이가 같고 밑면이 같은 원기둥들은 서로 부피가 같음을 이것으로부터 이끌어 냈다. 밑면이 같지만 축의 길이가 다른 원기둥들 중에는 축의 길이가 더 긴 것이 부피가 더 크다는 사실은, 옮겨서 포개 놓거나, 또는 축이 더 긴 원기둥을 잘라서 축의 길이가 같도록 하면 부피가 같아진다는 것을 이용해서 쉽게 보일 수 있다.

법칙 14

**밑면의 넓이가 같은 원뿔들이나 원기둥들의 부피 비율은 그들의 높이 비율과 같다.**

증명 두 원기둥 EB, FD가 있는데, 이들의 밑면인 원 AB, CD의 크기가 같다고 하자. 그러면 원기둥 EB와 원기둥 FD의 부피 비율은 축 GH와 축 KL의 비율과 같음을 보여야 한다.

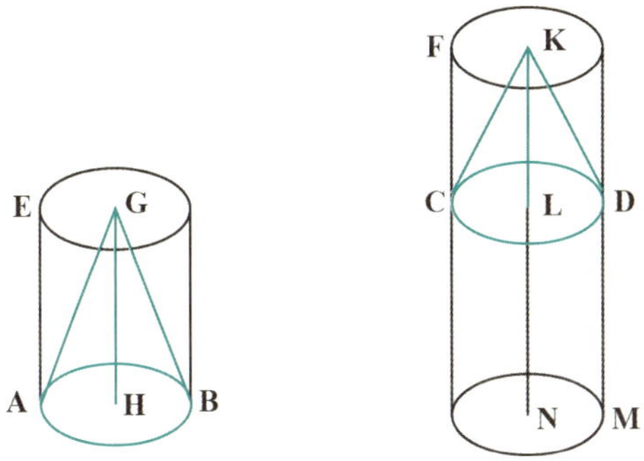


축 KL을 길게 늘여서 N에 이르도록 하고, LN의 길이가 축 GH의 길이와 같도록 잡아라. 그리고 LN을 축으로 해서 원기둥 CM을 만들어라. 그러면 원기둥 EB, CM은 높이가 같으니, 이들의 부피 비율은 밑면의 넓이 비율과 같다. [12권 법칙 11] 그런데 이들의 밑면은 넓이가 같다. 그러므로 원기둥 EB, CM은 부피가 같다.

그리고 원기둥 FM을 양쪽 면에 평행한 평면 CD로 잘랐다고 생각하면, 원기둥 CM과 원기둥 FD의 부피 비율은 축 LN과 축 KL의 비율과 같다. [12권 법칙 13] 그런데 원기둥 CM은 원기둥 EB와 부피가 같고, 축 LN은 축 GH와 길이가 같다. 그러므로 원기둥 EB와 원기둥 FD의 부피 비율은 축 GH와 축 KL의 비율과 같다.

그런데 원기둥 EB와 원기둥 FD의 부피 비율은 원뿔 ABG와 원뿔 CDK의 부피 비율과 같다. [12권 법칙 10] 그러므로 축 GH와 축 KL의 길이 비율은 원뿔 ABG와 원뿔 CDK의 부피 비율과 같으며, 또한 원기둥 EB와 원기둥 FD의 부피 비율과 같다.

그러므로 이 법칙이 성립한다. □

평행면 입체들의 경우는 이에 대응하는 법칙이 따로 필요하지 않다. 12권 법칙 13에 대응하는 내용은 물론 이 법칙에 대응하는 내용도 11권 법칙 25가 사실상 포함하고 있기 때문이다.

**법칙 15**

**부피가 같은 원뿔들이나 원기둥들은 밑면의 넓이가 높이에 역으로 비례한다. 원뿔들이나 원기둥들이 밑면의 넓이가 높이에 역으로 비례하면 부피가 같다.**

해설 원 ABCD, EFGH를 밑면으로 해서 부피가 같은 원뿔들과 부피가 같은 원기둥들이 있다고 하자. 밑면의 지름을 AC, EG라 하자. 이들의 축을 KL, MN이라 하자. 축은 원뿔 또는 원기둥의 높이이다. 원기둥 AO, EP를 완성하여라. 그러면 원기둥 AO, EP는 밑면의 넓이가 높이에 역으로 비례함을 보여야 한다. 즉 밑면 ABCD와 밑면 EFGH의 넓이 비율이 높이 MN과 높이 KL의 비율과 같음을 보여야 한다. 높이 LK는 높이 MN과 비교하여 더 높거나, 같거나, 더 낮을 것이다. 우선, 같다고 하자. 그런데 원기둥 AO와 원기둥 EP의 부피도 같다. 그런데 높이가 같은 원뿔들이나 원기둥들은 부피 비율이 밑면의 넓이 비율과 같다. [12권 법칙 11] 그러므로 밑면 ABCD와 밑면 EFGH는 넓이가 같다. 그러므로 밑면 ABCD와 밑면 EFGH의 넓이 비율은 높이 MN과 높이 KL의 비율과 같다.

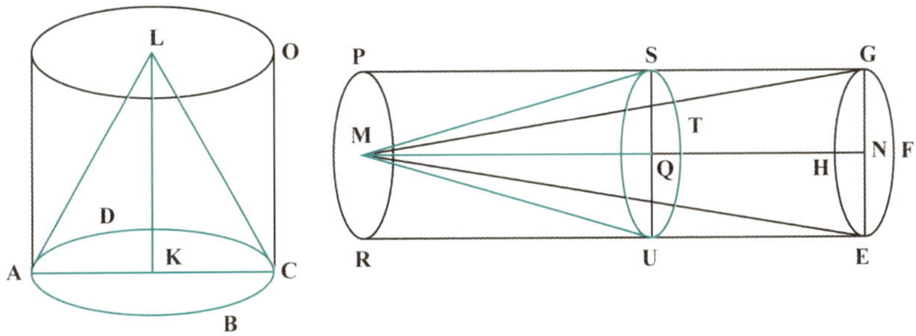


그 다음, 높이 LK와 높이 MN이 같지 않고, MN이 더 높다고 하자. KL과 길이가 같도록 QN을 MN에서 잘라 내라. 원기둥 EP의 양쪽 면 EFGH, RP에 평행하도록 평면 TUS가 점 Q를 지나도록 해서 이 원기둥을 잘라라. 그러면 원기둥 ES는 밑면이 원 EFGH이고 높이가 NQ인 원기둥이다. 원기둥 AO와 원기둥 EP는 부피가 같으니, 원기둥 AO와 원기둥 ES의 부피 비율은 원기둥 EP와 원기둥 ES의 부피 비율과 같다. [5권 법칙 7] 그런데 원기둥 AO와 원기둥 ES의 부피 비율은 밑면 ABCD와 밑면 EFGH의 넓이 비율과 같다. 왜냐 하면, 원기둥 AO, ES는 높이가 같기 때문이다. [12권 법칙 11] 그리고 원기둥 EP와 원기둥 ES의 부피 비율은 높이 MN과 높이 QN의 비율과 같다. 왜냐 하면, 원기둥 EP를 양쪽 면에 평행한 평면으로 잘랐기 때문이다. [12권 법칙 13]

그러므로 밑면 ABCD와 밑면 EFGH의 넓이 비율은 높이 MN과 높이 QN의 비율과 같다. [5권 법칙 11] 그런데 높이 QN은 높이 KL과 같다. 그러므로 밑면 ABCD와 밑면 EFGH의 넓이 비율은 높이 MN과 높이 KL의 비율과 같다. 그러므로 원기둥 AO, EP는 밑면의 넓이가 높이에 역으로 비례한다. 이제 원기둥 AO, EP가 밑면의 넓이가 높이에 역으로 비례한다고 하자. 즉 밑면 ABCD와 밑면 EFGH의 넓이 비율이 높이 MN과 높이 KL의 비율과 같다고 하자. 그러면 원기둥 AO와 원기둥 EP는 부피가 같음을 보이겠다.

앞에서와 마찬가지로 만들어라. 그러면 밑면 ABCD와 밑면 EFGH의 넓이 비율이 높이 MN과 높이 KL의 비율과 같고, 높이 KL은 높이 QN과 같으니, 밑면 ABCD와 밑면 EFGH의 넓이 비율은 높이 MN과 높이 QN의 비율과 같다. 그런데 밑면 ABCD와 밑면 EFGH의 넓이 비율은 원기둥 AO와 원기둥 ES의 부피 비율과 같다. 왜냐 하면, 이들은 높이가 같기 때문이다. [12권 법칙 11] 그리고 높이 MN과 높이 QN의 비율은 원기둥 EP와 원기둥 ES의 부피 비율과 같다. [12권 법칙 13] 그러므로 원기둥 AO와 원기둥 ES의 부피 비율은 원기둥 EP와 원기둥 ES의 부피 비율과 같다. [5권 법칙 11] 그러므로 원기둥 AO와 원기둥 EP는 부피가 같다. [5권 법칙 9]

원뿔에 대해서도 마찬가지이다.

그러므로 이 법칙이 성립한다. □

해설 (1) 만약 두 원기둥이 높이가 같고 부피가 같으면, 그들은 밑면의 넓이가 같다. 왜냐 하면, 부피 비율과 밑면의 넓이 비율은 같기 때문이다. [12권 법칙 11]

만약 높이가 다르면, 더 높은 원기둥을 잘라서, 낮은 원기둥과 높이가 같아지도록 만들어라.

그래서 높이 LK, QN이 같으니, 12권 법칙 11에 따라서,

밑면 ABCD : 밑면 EFGH = 원기둥 AO : 원기둥 ES

= 원기둥 EP :원기둥 ES 가정에 따라서

= MN : QN [12권 법칙 13]

= MN : KL

(2) 역부분을 증명하면서, 유클리드는 높이가 같은 경우는 빼 놓았다. 이 경우는 물론 역비율도 1 : 1이 된다. 그러므로 밑면의 넓이가 서로 같으며, 따라서 원기둥의 부피도 서로 같게 된다.

만약 높이가 다르면, 앞에서와 마찬가지로 작도를 하여라. 그러면

밑면 ABCD : 밑면 EFGH = MN : KL

그런데 12권 법칙 11에 따라서,

밑면 ABCD : 밑면 EFGH = 원기둥 AO : 원기둥 ES

그리고

MN : KL = MN : QN = 원기둥 EP : 원기둥 ES

[12권 법칙 13]

그러므로

원기둥 AO : 원기둥 ES = 원기둥 EP : 원기둥 ES

따라서 원기둥 AO = 원기둥 EP

원뿔의 경우도 마찬가지이다. 원뿔 부피는 원기둥 부피의 삼분의 일이기 때문이다.

르장드르는 원뿔과 원기둥에 관한 이 법칙들을 그가 만든 두 개의 법칙들로부터 끌어 냈다. 그 두 개의 법칙들은, 12권 법칙 2를

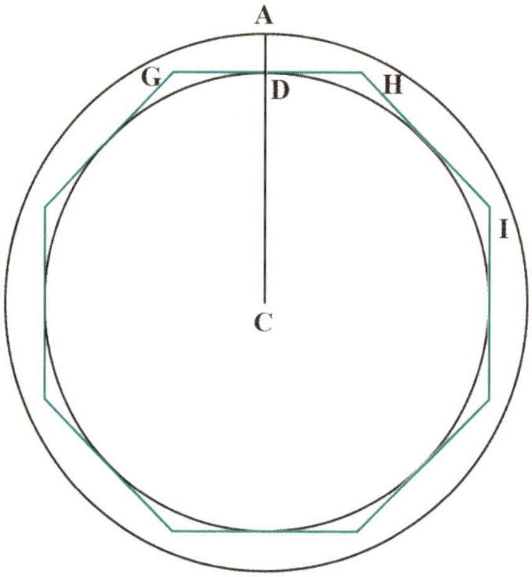


증명하기 위해서 그가 만든 법칙들과 비슷한 방법으로 만들었다. (12권 법칙 2 해설 참조.) 우선 원기둥에 관한 법칙은 다음과 같다.

"원기둥의 부피는, 그 밑면과 높이를 곱한 것과 같다." 주어진 원기둥의 밑면의 반지름을 CA라 하고, 높이를 h라 하자.

간단하게 하기 위해서, CA가 반지름인 원의 넓이를 (원 CA)로 나타내자. 만약 (원 CA)×h가 주어진 원기둥의 부피가 아니라면, 이것은 주어진 원기둥보다 더 크거나 더 작은 원기둥의 부피를 나타낼 것이다.

(1) 우선, 주어진 원기둥보다 더 작은 원기둥의 부피를 나타낸다고 하자. 예를 들어 반지름이 CD인 원이 밑면이고 높이가 h인 원기둥의 부피를 나타낸다고 하자.

CD를 반지름으로 하는 원에다 정다각형 GHI … 를 외접시키되, 그 변들이 CA를 반지름으로 하는 원과 절대 만나지 않도록 해라. (이렇게 할 수 있음은, 12권 법칙 2 해설 참조.) 이 다각형을 밑면으로 하고 h를 높이로 해서 각기둥을 만들었다고 하자. 그러면

$$\text{각기둥의 부피} = (\text{다각형 GHI} \cdots) \times h$$

(르장드르는 이게 성립함을 앞에서 증명하였다. 우선 평행면 입

체의 경우는 직육면체로 바꾸는 방법으로 증명하였고, 삼각기둥의 경우는 그것과 높이가 같은 평행면 입체 부피의 절반임을 이용하여 증명하였고, 마지막으로 일반적인 다각형을 밑면으로 가지는 각기둥의 경우를 증명하였다.)

그런데 (다각형 GHI … ) < (원 CA)

그러므로 각기둥의 부피 < (원 CA) × h

이고, 그러므로 가정에 따라서 이 각기둥의 부피는 CD를 반지름으로 가지는 원을 밑면으로 한 원기둥의 부피보다 더 작다.

그러나 이 각기둥은 이 원기둥을 포함하고 있으니, 부피가 더 커야 한다. 그러니 모순이 생겼다.

(2) 도형을 새로 그리지 않기 위해서, 두 번째 경우는 주어진 원기둥의 밑면의 반지름을 CD라 하고, (원 CD) × h가 더 큰 원기둥의 부피를 나타낸다고 하자. 예를 들어 반지름이 CA인 원을 밑면으로 하고 높이가 h인 원기둥의 부피를 나타낸다고 하자.

그러면 마찬가지로 작도를 하면,

각기둥의 부피 = (다각형 GHI … ) × h

그런데 (다각형 GHI … ) > (원 CD)

그러므로 각기둥의 부피 > (원 CD) × h

이고, 그러므로 가정에 따라서 이 각기둥의 부피는 CA를 반지름으로 가지는 원을 밑면으로 한 원기둥의 부피보다 더 크다.

그러나 이 각기둥은 이 원기둥에 포함되어 있으니, 부피가 더 작아야 한다. 그러니 모순이 생겼다. 그러므로

원기둥의 부피 = 밑면 × 높이

다음 법칙들이 덩달아 성립한다.

"높이가 같은 원기둥들의 부피 비율은 밑면의 넓이 비율과 같다." [12권 법칙 13] 그리고 "밑면이 같은 원기둥들의 부피 비율은 높이 비율과 같다." [12권 법칙 14]

"닮은꼴 원기둥들의 부피 비율은 높이 비율의 세제곱과 같다. 또는 밑면의 지름 비율의 세제곱과 같다." [12권 법칙 12]

밑면의 넓이 비율은 지름의 제곱의 비율과 같다. 그리고 원기둥들이 닮은꼴이니, 밑면 지름의 비율은 높이의 비율과 같다. 그러므로 밑면의 넓이 비율은 높이 제곱의 비율과 같다. 높이와 밑면을 곱한 것의 비율은, 즉 원기둥의 부피 비율은 높이 세제곱의 비율과 같다. 즉 높이 비율의 세제곱과 같다. 원뿔에 대한 르장드르의 법칙과 그의 증명은 여기에 따로 설명해 놓지 않겠다.

**법칙 16**

**공통 중점을 가지는 두 원을 주었을 때, 큰 원의 안에 변의 개수가 짝수인 정다각형을 내접시키되, 그 정다각형이 작은 원과 만나지 않도록 하시오.**

증명 공통 중점 K를 가지는 두 원 ABCD, EFGH를 주었다고 하자. 큰 원 ABCD의 안에 변의 개수가 짝수인 정다각형을 내접시키되, 그 정다각형이 원 EFGH와 만나지 않도록 해야 한다.

중점 K를 지나도록 선분 BKD를 그어라. 점 G에서 선분 BD에 수직이 되도록 선분 AGC를 그어서 큰 원에 닿도록 해라. 그러면 선분 AC는 원 EFGH에 접한다. [3권 법칙 16, 딸린 법칙]

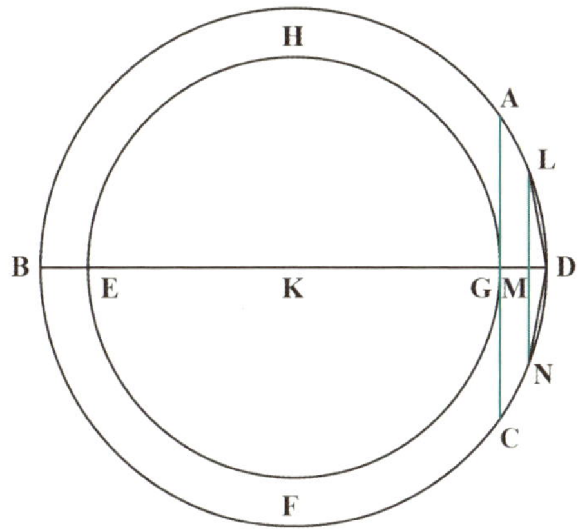


호 BAD를 이등분하고, 그것을 또 이등분하고, 그것을 또 이등분하는 과정을 되풀이해라. 그래서 AD보다 더 짧은 호가 남도록 해라. [10권 법칙 1]

이렇게 남은 호를 LD라 하자. 점 L에서 선분 BD에 수직이 되도록 선분 LM을 긋고, 이 선분을 늘여서 점 N에 닿도록 해라. 선분 LD, DN을 그어라. 그러면 LD와 DN은 길이가 같다. [3권 법칙 3, 1권 법칙 4] LN은 AC와 평행한데, AC가 원 EFGH에 접하니, LN은 원 EFGH에 닿지 않는다. 선분 LD, DN은 더 멀찍이 있으니 원 EFGH에 닿지 않는다.

그러니 원 ABCD의 안에 선분 LD와 길이가 같은 선분들을 차례차례 이어서 걸쳐 놓으면, 이 선분들은 원 ABCD에 내접하는 정다각형을 만들고, 변의 개수는 짝수이며, 이들은 작은 원 EFGH에 닿지 않는다.

그러므로 이 법칙이 성립한다. □

유클리드가 이 법칙을 증명하면서 작도한 것을 자세히 살펴보면, 바깥쪽 큰 원에 내접하도록 그려 놓은 다각형의 변이 안쪽 원에 닿지 않을 뿐만 아니라, 하나 걸러 그 다음 번 꼭짓점과 연결한 선분도 안쪽 원에 닿지 않도록 되어 있다. 바꿔 말하면, 다각형의 변의 개수를 계속 두 배씩 늘려 나가다가, 안쪽 원과 닿지 않게 되는 첫 번째 다각형을 택한 것이 아니라, 두 번째 다각형을 택하였다.

이 사실은 중요하다. 왜냐 하면, 법칙 17을 증명하는 과정에서 이러한 다각형을 사용하기 때문이다. 그러니 법칙 17을 증명할 때, 꼭 이러한 다각형을 택해야 한다.

**법칙 17**

**공통 중점을 가지는 두 공을 주었을 때, 큰 공의 안에 다면체를 내접시키되, 그 다면체가 작은 공의 표면과 만나지 않도록 하시오.**

증명 공통 중점 A를 가지는 두 공을 주었다고 하자. 큰 공의 안에 다면체를 내접시키되, 그 다면체가 작은 공의 표면과 만나지 않도록 해야 한다. 두 공을 중점을 지나는 선분으로 잘라라. 그러면 두 개의 원이 생긴다. 공이란 원래 반원의 지름을 고정시킨 다음 반원을 돌려서 만든 것이기 때문이다. [11권 정의 14] 그러므로 반원이 처음에 어떤 위치에 있었든, 그것을 자르는 평면은 공의 표면에 원을 그린다. 그리고 이 원은 가능한 가장 큰 원(대원)이 된다. 왜냐 하면, 공의 지름이 이 원의 지름이 되며, 공의 지름은 공이나 원을 가로지르는 가장 긴 선분이기 때문이다.

큰 공이 만드는 원을 BCDE라 하고, 작은 공이 만드는 원을 FGH라 하자. 큰 원의 두 지름 BD, CE를 서로 수직이 되도록 그어라. 두 원 BCDE, FGH는 중점이 같으니, 큰 원 BCDE의 안에 변의 개수가 짝수인 정다각형을 내접시켜서 그 정다각형이 작은 원 FGH와 만나지 않도록 할 수 있다. [12권 법칙 16]

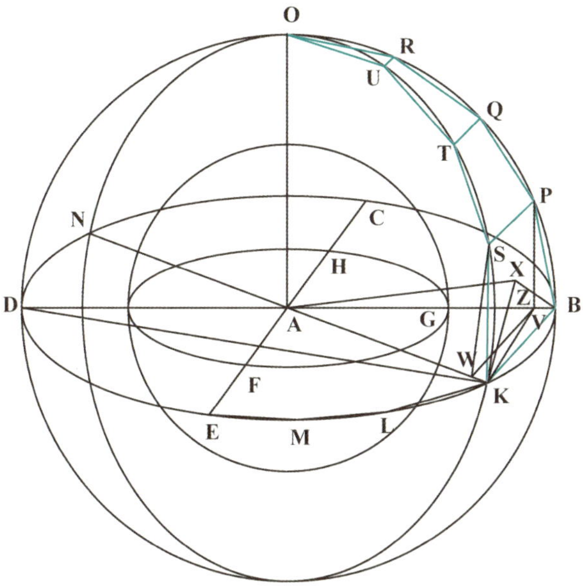


사분원 BE에 놓이는 그 정다각형의 변이 BK, KL, LM, ME라 하자. 선분 KA를 길게 늘여서 N에 닿도록 해라. 점 A에서 원 BCDE를 포함하는 평면에 수직이 되도록 직선 AO를 세워라. 이 직선이 큰 공의 표면과 만나는 점을 O라고 하자. 선분 AO, BD를 지나는 평면, 선분 AO, KN을 지나는 평면을 잡아라. 이 평면들은 공의 표면에 가장 큰 원(대원)들을 그린다. 그 이유는 앞에서 설명하였다. 이 평면들이 대원들을 그리도록 해라. 그러면 선분 BD에 반원 BOD가 놓이고, 선분 KN에 반원 KON이 놓인다.

직선 OA는 원 BCDE를 포함하는 평면에 수직이니, OA를 포함하는 모든 평면은 원 BCDE를 포함하는 평면에 수직이 된다. [11권 법칙 18] 그러므로 두 반원 BOD, KON도 원 BCDE를 포함하는 평면에 수직이 된다.

그리고 반원 BED, BOD, KON은 모두 크기가 같다. 왜냐 하면, 이들의 지름 BD, KN이 길이가 같기 때문이다. 그러므로 사분원 BE, BO, KO도 모두 크기가 같다. 그러므로 사분원 BE에 선분 BK, KL, LM, ME가 내접한 것처럼, 사분원 BO, KO에도 그와 길이가 같은 선분들이 같은 개수만큼 내접하게 된다.

이렇게 선분들을 내접시키고, 그것들을 BP, PQ, QR, RO와 KS, ST, TU, UO로 나타내자. 선분 SP, TQ, UR을 그어라. 점 P, S에서 원 BCDE를 포함하는 평면에 수직이 되도록 선분들을 그어라. 이 선분들은 평면들의 교선인 BD, KN에 닿게 된다. 왜냐 하면, 평면 BOD와 평면 KON은 원 BCDE를 포함하는 평면에 수직이기 때문이다. [11권 정의 4] 이 선분들이 이 교선들과 만나도록 하고, 이 선분들을 PV, SW로 나타내자. 선분 WV를 그어라.

반원 BOD, KON에 길이가 같은 선분 BP, KS를 잡은 다음 수직선 PV, SW를 그었으니, PV와 SW는 길이가 같으며, BV와 KW는 길이가 같다. [3권 법칙 27, 1권 법칙 26] 그런데 BA 전체와 KA 전체는 길이가 같다. 그러므로 빼고 남는 VA는 빼고 남는 WA와 길이가 같다. 그러므로 BV와 VA의 비율은 KW와 WA의 비율과 같다. 그러므로 선분 WV는 선분 KB와 평행하다. [6권 법칙 2]

선분 PV, SW는 둘 다 원 BCDE를 포함하는 평면에 수직이다. 그러므로 PV와 SW는 평행하다. [11권 법칙 6] 그런데 이들은 길이가 같음을 보였다. 그러므로 WV, SP도 서로 길이가 같고 평행하다. [1권 법칙 33] WV와 SP가 평행하고, WV와 KB가 평행하니, SP와 KB도 평행하다. [11권 법칙 9] 이들의 양 끝점을 잇는 선분이 BP, KS이니, 사각형 KBPS는 한 평면에 놓인다. 왜냐 하면, 두 직선이 평행하면 거기에서 어떠한 점들을 잡아 선분으로 연결하더라도 그 선분은 두 평행선을 포함하는 평면에 놓이기 때문이다. [11권 법칙 7] 마찬가지 이유로 사각형 SPQT도 한 평면에 놓이고, 사각형 TQRU도 한 평면에 놓인다. 그런데 삼각형 URO도 한 평면에 놓인다. [11권 법칙 2]

점 P, S, Q, T, R, U에서 점 A로 선분들을 그어라. 그러면 곡선 BO, KO 사이에 놓이도록 다면체를 만들 수 있다. 이 다면체는 밑면이 사각형 KBPS, SPQT, TQRU, 삼각형 URO이고 꼭짓점이 A인 각뿔들을 합친 것이다. 각각의 변 KL, LM, ME에 대해서도 변 BK에 대해서와 마찬가지로 이렇게 다면체를 만들고, 남은 세 사분원에 대해서도 마찬가지로 만들어라. 이렇게 하면 다면체를 큰 원의 안에 내접시킬 수 있다. 이 다면체는 각뿔들을 합친 것이며, 앞에서 말한 사각형들과 삼각형 URO, 그리고 이들에 대응하는 사각형들과 삼각형들이 밑면을 이루고, 점 A가 각뿔들의 꼭짓점이 된다.

이제 이 다면체가 원 FGH가 놓여 있는 작은 공의 표면과 만나지 않음을 보여야 한다. 점 A에서 사각형 KBPS를 포함하는 평면에 수직이 되도록 직선 AX를 그어라. [11권 법칙 11] 이 직선이 이 평면과 만나는 점을 X라 하자. 선분 XB, XK를 그어라.

직선 AX는 사각형 KBPS를 포함하는 평면에 수직이니, 이 평면에 놓여 있으면서 AX와 만나는 모든 직선은 수직으로 만난다. [11권 정의 3] 그러므로 AX는 두 선분 BX, XK와 수직이다.

AB와 AK는 길이가 같으니, AB로 만든 정사각형은 AK로 만든 정사각형과 넓이가 같다. 그리고 각 X가 직각이니 AX, XB로 만든 정사각형들을 더한 것은 AB로 만든 정사각형과 넓이가 같다. [1권 법칙 47] 그리고 AX, XK로 만든 정사각형들을 더한 것은 AK로 만든 정사각형과 넓이가 같다. [1권 법칙 47] 그러므로 AX, XB로 만든 정사각형들을 더한 것은 AX, XK로 만든 정사각형들을 더한 것과 넓이가 같다. 양쪽에서 AX로 만든 정사각형을 빼라. 그러면 남게 되는 BX로 만든 정사각형은 남게 되는 XK로 만든 정사각형과 넓이가 같다. 그러므로 BX와 XK는 길이가 같다.

마찬가지 방법으로 X에서 P, S로 그은 선분들의 길이도 BX, XK의 길이와 같음을 보일 수 있다. 그러므로 X를 중점으로, 선분 XB 또는 XK를 반지름으로 해서 원을 그리면 이 원은 점 P, S도 지나게 된다. 그러므로 KBPS는 원에 내접하는 사각형이다. KB는 WV보다 더 길고, WV와 SP는 길이가 같으니, KB는 SP보다 더 길다. 그런데 KB는 두 선분 KS, BP와 길이가 같다. 그러므로 선분 KS, BP도 SP보다 더 길다. KBPS는 원에 내접하는 사각형인데, 세 변 KB, BP, KS는 길이가 같고, 한 변 PS는 길이가 더 짧고, BX는 원의 반지름이니, KB로 만든 정사각형은 BX로 만든 정사각형의 두 배보다 더 넓다.

점 K에서 선분 BV에 수직이 되도록 선분 KZ를 그어라. BD는 DZ의 두 배보다 더 작고, BD와 DZ의 비율은 DB, BZ로 만든 직사각형과 DZ, ZB로 만든 직사각형의 넓이 비율과 같으니, BZ에다 정사각형을 만들어 붙이고 ZD에다 평행사변형을 만들어 붙이면, DB, BZ로 만든 직사각형의 넓이는 DZ, ZB로 만든 직사각형 넓이의 두 배보다 작다. 선분 KD를 그어라. DB, BZ로 만든 직사각형은 BK로 만든 정사각형과 넓이가 같고, DZ, ZB로 만든 직사각형은 KZ로 만든 정사각형과 넓이가 같다. [3권 법칙 31, 6권 법칙 8, 딸린 법칙] 그러므로 KB로 만든 정사각형은 KZ로 만든 정사각형의 두 배보다 더 좁다. 그런데 KB로 만든 정사각형은 BX로 만든 정사각형의 두 배보다 더 넓다. 그러므로 KZ로 만든 정사각형은 BX로 만든 정사각형보다 더 넓다. BA와 KA는 길이가 같으니, BA로 만든 정사각형은 AK로 만든 정사각형과 넓이가 같다. BX, XA로 만든 정사각형들을 더한 것은 BA로 만든 정사각형과 넓이가 같고, KZ, ZA로 만든 정사각형들을 더한 것은 KA로 만든 정사각형과 넓이가 같다. [1권 법칙 47] 그러므로 BX, XA로 만든 정사각형들을 더한 것은 KZ, ZA로 만든 정사각형들을 더한 것과 넓이가 같다. 그런데 여기서 KZ로 만든 정사각형은 BX로 만든 정사각형보다 넓이가 더 넓으니, ZA로 만든 정사각형은 XA로 만든 정사각형보다 넓이가 더 좁다. 그러므로 AX는 AZ보다 더 길다. 그러므로 AX는 AG보다 훨씬 더 길다. AX는 다면체의 한 면에 수직이 되도록 그은 선분이고, AG는 작은 공의 표면에 닿도록 그은 선분이다. 그러므로 이 다면체는 작은 공의 표면에 닿지 않는다.

그러므로 공통 중점을 가지는 두 공을 주었을 때, 큰 공의 안에 내접하며 작은 공의 표면과 만나지 않는 다각형을 만들었다.

그러므로 이 법칙이 성립한다. □

해설 유클리드는 이 법칙을 아주 길게 증명해 놓았기 때문에, 파악하기

쉽도록 요약해 놓은 게 필요하다. 그리고 유클리드가 받아들이고 있는 것들을 증명하는 일이 필요하고, 생략해 놓은 것들을 보충해 놓는 일도 필요하다. 그림도 아주 복잡하게 되어 있다. 게다가 점 Z와 점 V가 사실은 한 점인데, 그림도 그렇고 본문 내용도 그렇고, 다른 점들인 것처럼 다루어 놓았다. 우선 알아야 할 것은, 구의 중점을 지나는 평면들로 구를 자르면, 이 때 생기는 단면들은 원이 되며, 그 원들은 모두 크기가 같다. (우리는 이러한 원을 '대원'이라고 부르는데, 유클리드는 '최대원'이라고 불렀다.) 유클리드는 지름을 축으로 해서 반원을 돌린 궤적이 구라는 자신의 정의를 사용하고 있다. 그러니 바로 그 지름을 지나는 모든 평면들에 대해서는 이것이 성립하게 된다. 그렇지만 중점이 같고 크기가 같은 '임의의' 반원은 똑같은 구를 만들어 냄을 가정하고 있다.

유클리드의 작도와 증명 과정은 다음과 같이 요약할 수 있다.

두 개의 구가 중점을 공유하고 있는데, 그 중점을 지나는 평면으로 잘라서 생긴 대원들에서, 원둘레의 사분의 일이 되도록 호 BE, 호 GF를 잡아라. 변의 개수가 짝수인 정다각형을 12권 법칙 16에서 작도한 것과 똑같이 바깥쪽 원에 내접시켜서, 안쪽 원과 만나지 않도록 해라. 사분원 BE에 놓이는 변들을 BK, KL, LM, ME라 하자. 평면 ABE에 수직이 되도록 AO를 긋고, AO를 지나고 점 B, K, L, M, E, … 를 지나도록 평면들을 그려서, 이 평면들이 바깥쪽 원을 잘라서 대원들을 그리도록 해라.

호 OB, 호 OK는 그러한 두 개의 대원 원둘레의 사분의 일이라고 하자. 이들 두 사분원은 사분원 BE와 길이가 같다. 그러므로 이들은 BK, KL, LM, ME와 똑같은 길이, 똑같은 개수의 호들로 쪼갤 수 있다. 이 대원들의 나머지 사분원들도 이와 똑같이 쪼개고, OA를 지나는 다른 원들의 둘레들도 이와 똑같이 쪼개라. 그렇게 하면, 호 BE를 포함하는 원에 정다각형이 내접한 것과 마찬가지로, 다른 원들에도 이와 합동인 정다각형들이 내접하게 된다.

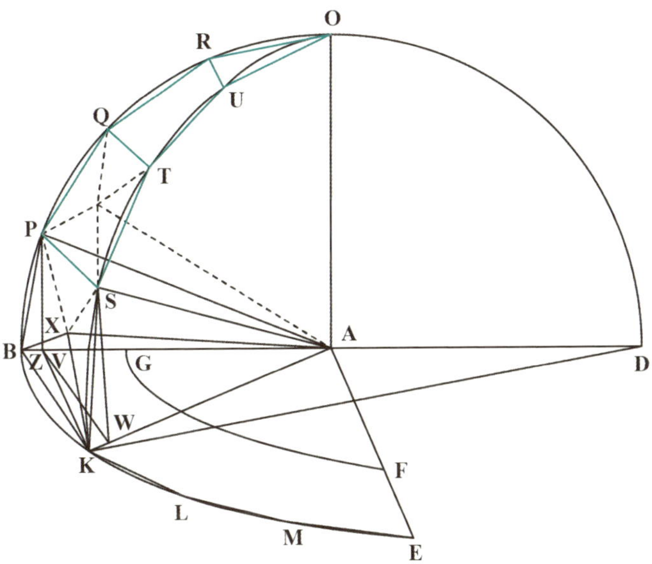


BP, PQ, QR, RO, 그리고 KS, ST, TU, UO는 이 정다각형들의 변들로서, 사분원 BO, 사분원 KO에 놓여 있는 것들이다. 선분 PS, QT, RU를 그어라. 그리고 OA를 지나는 모든 원들에 대해서, 마찬가지로 이러한 선분들을 그어라. 그러면 바깥쪽 구에 내접하도록 어떤 다면체를 만들었다. AB에 수직이 되도록 PV를 그어라. 그러면 평면 OAB와 평면 BAE가 수직이니, PV는 평면 BAE에 수직이다. [11권 정의 4] AK에 수직이 되도록 SW를 그어라. 그러면 마찬가지 이유로, SW는 평면 BAE에 수직이다.

BA에 수직이 되도록 KZ를 그어라.

그러면 BK = BP이고,

$$DB \cdot BV = BP^2,\ DB \cdot BZ = BK^2$$

이니, BV = BZ이다. 즉 Z와 V는 일치한다.

이제 각 PAV, 각 SAW는 중심각들로서, 같은 크기의 원들의 같은 길이의 호들을 대하고 있으니, 이들은 크기가 같다. 그리고 각 PVA와 각 SWA는 둘 다 직각이어서 크기가 같고, AS = AP이니, △PAV와 △SAW는 서로 합동이다. [1권 법칙 26] 그러므로

$$AV = AW$$

따라서 $$AB : AV = AK : AW$$

그러므로 VW와 BK는 서로 평행하다.

그런데 PV와 SW는 같은 평면에 대해서 수직이니, 서로 평행하다. 그리고 △PAV와 △SAW가 합동이니, PV와 SW는 길이가 같다. 따라서 VW와 PS는 서로 길이가 같고 평행하다. BK는 VW와 평행하니, BK와 PS도 서로 평행하다. 따라서 BPSK는 한 평면에 놓여 있는 사각형이다. 마찬가지로 PQTS도 한 평면에 놓여 있는 사각형이며, QRUT도 한 평면에 놓여 있는 사각형이다. 그리고 삼각형 ORU도 한 평면에 놓여 있다.

이제 평면 BPSK가 안쪽 구와 만나지 않음을 보이기 위해서, 중점 A로부터 이 평면까지의 최단 거리가 AZ보다 더 큼을 보여야 한다. 12권 법칙 16에서처럼 작도하였기 때문에, AZ는 AG보다 더 크다.

평면 BPSK에 수직이 되도록 AX를 그어라. 그러면

$$\begin{aligned} AB^2 &= AX^2 + XB^2 \\ &= AX^2 + XK^2 \\ &= AX^2 + XS^2 \\ &= AX^2 + XP^2 \end{aligned}$$

따라서 $XB = XK = XS = XP$

즉 X를 중점으로 하고 XB를 반지름으로 해서 원을 그리면, 사각형 BPSK는 그 원에 내접하게 된다.

이제 $BK > VW = PS$

그러므로 사각형 BPSK에서, 세 변 BK, BP, KS는 길이가 같지만, 한 변 PS는 더 짧다. 따라서 X를 꼭짓점으로 해서 이 사각형의 네 변을 보도록 각을 만들면, 세 개의 각은 크기가 같고, 한 각은 더 작다. 그러므로 크기가 같은 각들은 직각보다 더 크다. 그러니 각 BXK는 둔각이다.

그러므로 $BK^2 > 2BX^2$ [2권 법칙 12]

이제 반원 BKD에서, BD에 수직이 되도록 KZ를 그어 놓은 것을 생각하자.

여기서 $BD < 2DZ$

따라서 $DB \cdot BZ < 2DZ \cdot ZB$

즉 $BK^2 < 2KZ^2$

그러므로 $BX^2 < KZ^2$

그런데 $AK^2 = AB^2$

그러므로 $AZ^2 + ZK^2 = AX^2 + XB^2$

그리고 $BX^2 < KZ^2$

그러므로 $AX^2 > AZ^2$

즉 $AX > AZ$

그런데 12권 법칙 16에서처럼 작도하였으니, AZ > AG이다. 그러니 AX > AG임은 물론이다. 그리고 중점 A에서 평면 BPSK로 수직이 되도록 그은 AX가 가장 짧은 거리이니, 평면 BPSK는 안쪽 구와 만나지 않는다.

유클리드는 다른 사각형들 PQTS, QRUT와 삼각형 ROU가 안쪽 구와 만나지 않음을 증명하지 않았다. 사실 이들은 중점으로부터 거리가 더욱 멀다. 이들이 안쪽 구와 만나지 않음을 보이려면, 사각형 BPSK, PQTS, QRUT, 그리고 삼각형 ROU의 외접원들이 점점 작아짐을 보이면 된다.

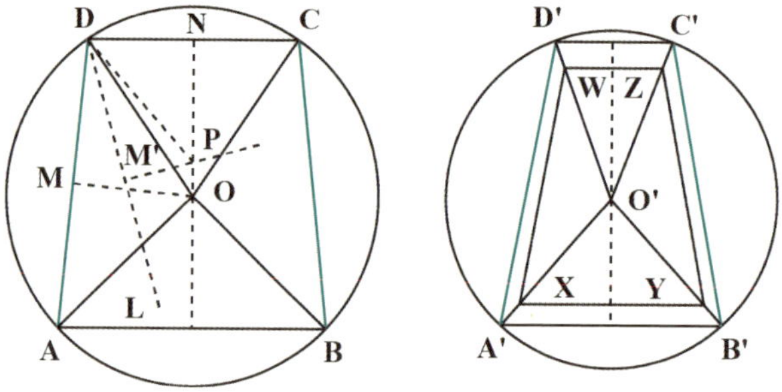


두 개의 사각형 ABCD, A'B'C'D'를 각각 원에 내접시킬 수 있고,

$$AD = BC = A'D' = B'C'$$

라 하자. 그리고 AB는 AD보다 크지 않고,

$$A'B' = CD, AB > CD > C'D'$$

라 하자. 그러면 첫 번째 사각형에 외접하는 원의 반지름 OA는 두

번째 사각형에 외접하는 원의 반지름 O'A'보다 더 큼을 보이면 된다.

클라비우스는 모순을 이끌어 내는 방법으로 증명하였으며, 심슨도 따라서 했다.

(1) OA = O'A'라 해 보자.

그러면 각 AOD, 각 BOC, 각 A'O'D', 각 B'O'C'는 모두 크기가 같다. 그리고 각 AOB > 각 A'O'B'

각 COD > 각 C'O'D'

그러니 O 둘레의 네 개의 각을 더한 것은 O' 둘레의 네 개의 각을 더한 것보다 더 크다. 그러나 네 개의 각을 더한 것은 직각의 네 배로서 같다. 그러니 모순이 생겼다.

(2) O'A' > OA라 해 보자.

O'A', O'B', O'C', O'D'에서 OA와 길이가 같도록 선분을 잡아서, 그림의 XYZW처럼 사각형을 만들어라. 그러면

AB > A'B' > XY

CD > C'D' > ZW

AD = A'D' > WX

BC = B'C' > YZ

따라서 (1)에서와 마찬가지로, 더욱더 모순이 생긴다. OA는 O'A'와 같을 수도 없고, 더 작을 수도 없으니,

OA > O'A'

이 사실은 다음과 같이 확인할 수도 있다. DA를 수직 이등분하도록 MO를 긋고, DC를 수직 이등분하도록 NO를 그으면, MO와

NO는 중점 O에서 만난다. O는 외접원의 중점이기 때문이다. 이제 변 DA와 수직 이등분선 MO가 함께, 점 D를 중점으로 해서 약간 회전하여 원의 안으로 들어간다고 상상하자. 그러면 MO와 NO의 교점은, 점 P처럼, N을 향해서 약간 움직인다. 즉 외접원의 반지름이 OD에서 PD로 바뀌었으니, 약간 작아졌음을 알 수 있다.

심슨은 그의 증명을 보조 법칙 2라고 이름 붙여서, 12권 법칙 17 바로 앞에 놓았다.

**딸린 법칙**

**공 BCDE에 내접하는 다면체와 닮은꼴 다면체를 다른 공에 다 내접시키면, 공 BCDE에 내접하는 다면체와 다른 공에 내접하는 닮은꼴 다면체의 부피 비율은 공 BCDE의 지름과 다른 공의 지름의 비율의 세 겹이다.**

증명 왜냐 하면, 두 닮은꼴 다면체는 같은 개수의 각뿔들로 쪼갤 수 있으며, 각각의 각뿔들은 서로 닮은꼴이 된다. 그런데 닮은꼴 각뿔들의 부피 비율은 대응하는 변들의 길이 비율의 세 겹이다. [12권 법칙 8, 딸린 법칙] 그러므로 사각형 KBPS가 밑면이고 점 A가 꼭짓점인 각뿔과, 이에 대응하는 다른 공 속에 들어 있는 닮은꼴 각뿔과의 부피 비율은, 대응하는 변과 대응하는 변의 길이 비율의 세 겹이다. 즉 A를 중점으로 한 공의 반지름 AB와, 다른 공의 반지름과의 길이 비율의 세 겹이다.

마찬가지 이유로 A를 중점으로 한 원에 들어 있는 모든 각뿔들은, 다른 원에 들어 있는 대응하는 닮은꼴 각뿔과의 부피 비율이,

반지름 AB와 다른 원의 반지름과의 길이 비율의 세 곱이다.

한 전자와 한 후자의 비율은 전자들을 모두 더한 것과 후자들을 모두 더한 것과의 비율과 같다. 그러므로 A를 중점으로 한 공에 들어 있는 다면체 전체와 다른 공에 들어 있는 닮은꼴인 다면체 전체와의 부피 비율은, 반지름 AB와 다른 원의 반지름과의 길이 비율의 세 곱이다. 그러므로 지름 BD와 다른 원의 지름과의 길이 비율의 세 곱이다.

그러므로 이 법칙이 성립한다. □

해설 심슨은 다른 공 속에 닮은꼴 다면체를 어떻게 만들어 넣는지, 그리고 그게 원래 다면체와 닮은꼴임을 어떻게 증명하는지 설명해 놓았다. 이 딸린 법칙이 문제의 핵심이 된다. 법칙 18에 가서, 법칙 17의 작도 방법뿐만 아니라 이 딸린 법칙이 그만큼 요긴하게 쓰이기 때문이다. 그러니 이것을 이렇게 딸린 법칙이라 하지 말고, 법칙 17 속에 포함시켜서, 사람들이 이것을 좀더 주목해서 보도록 하는 편이 나았을 것 같다.

**법칙 18**

**공들의 부피 비율은 지름의 길이 비율의 세 곱과 같다.**

증명 두 공 ABC, DEF가 있다고 하자. 이들의 지름을 BC, EF라 하자. 그러면 공 ABC와 공 DEF의 부피 비율은 BC와 EF의 길이 비율의 세 곱임을 보여야 한다. 만약에 공 ABC와 공 DEF의 부피 비율이 BC와 EF의 길이 비율의 세 곱이 아니라면, 공 ABC는 공

DEF보다 부피가 더 크거나 또는 더 작은 입체와 부피 비율을 구해야 BC와 EF의 길이 비율의 세 겹과 같아질 것이다.

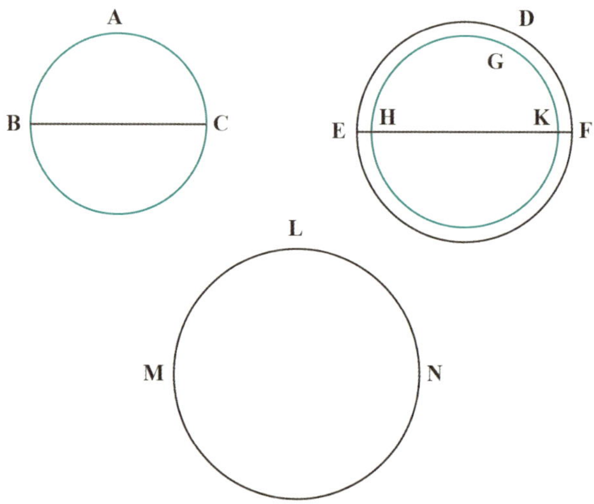


우선, 공 DEF보다 부피가 더 작은 공 GHK와 부피 비율을 구해야 그렇게 된다고 하자. 공 DEF와 공 GHK가 중점이 같다고 하자. 큰 공 DEF의 안에 다면체를 내접시키되, 이 다면체가 작은 공 GHK의 표면에 닿지 않도록 만들어라. [12권 법칙 17] 그리고 공 ABC의 안에 이 다면체와 닮은꼴 다면체를 내접시켜라. 그러면 공 ABC에 들어 있는 다면체와 공 DEF에 들어 있는 다면체의 부피 비율은 BC와 EF의 비율의 세 겹이다. [12권 법칙 17, 딸린 법칙]

그런데 공 ABC와 공 GHK의 부피 비율은 BC와 EF의 비율의 세 겹이다. 그러므로 공 ABC와 공 GHK의 부피 비율은, 공 ABC에 들어 있는 다면체와 공 DEF에 들어 있는 다면체의 부피 비율과 같다. 그러므로 바꾼 비례식에 따라서 공 ABC와 그 속에 들어 있는 다면체와의 부피 비율은, 공 GHK와 공 DEF에 들어 있는 다

면체와의 부피 비율과 같다. [5권 법칙 16]

그런데 공 ABC는 그 속에 들어 있는 다면체보다 부피가 더 크다. 그러므로 공 GHK도 공 DEF에 들어 있는 다면체보다 부피가 더 크다. 그러나 공 GHK는 이 다면체보다 부피가 작다. 왜냐 하면, 이 다면체 속에 들어 있기 때문이다. 그러므로 공 ABC는 공 DEF보다 부피가 더 작은 공과 부피 비율을 구하면 지름 BC와 지름 EF의 비율의 세 곱이 될 수 없다. 마찬가지 방법으로 공 DEF도 공 ABC보다 부피가 더 작은 공과 부피 비율을 구하면 EF와 BC의 비율의 세 곱이 될 수 없음을 보일 수 있다.

그 다음, 공 ABC는 공 DEF보다 부피가 더 큰 공과 부피 비율을 구하면 BC와 EF의 비율의 세 곱이 될 수 없음을 보이겠다. 만약에 이게 가능하다면, 더 큰 공 LMN과 부피 비율을 구해서 그렇게 된다고 하자. 그러면 역으로 공 LMN과 공 ABC의 부피 비율은 지름 EF와 지름 BC의 비율의 세 곱과 같다. 그런데 공 LMN은 공 DEF보다 부피가 더 크니, 공 LMN과 공 ABC의 부피 비율은 공 DEF와 공 ABC보다 더 작은 어떤 공과의 부피 비율과 같다. 이건 앞에서 증명한 것과 마찬가지이다. [12권 법칙 2, 보조 법칙] 그러므로 공 DEF와 공 ABC보다 작은 어떤 공과의 부피 비율이 EF와 BC의 비율의 세 곱과 같다. 그러나 이건 불가능함을 증명하였다. 그러므로 공 ABC는 공 DEF보다 더 큰 공과 부피 비율을 구하면 BC와 EF의 비율의 세 곱과 같아질 수 없다. 그런데 더 작은 공과도 이런 비율이 될 수 없음을 보였다. 그러므로 공 ABC와 공 DEF의 부피 비율은 지름 AB와 지름 EF의 길이 비율의 세 겹과 같다.

그러므로 이 법칙이 성립한다. □

해설 르장드르는 이 법칙의 증명 방법을 써서 12권 법칙 2를 증명하였다. (12권 법칙 2 해설 참조.) 유클리드의 증명 방법을 요약하면 다음과 같다. 두 개의 구의 부피를 S, S'라 하고, 그들의 지름을 d, d'라 하자. 그리고 간단하게 하기 위해서, d와 d'의 비율의 세 겹(세제곱)을 $d^3 : d'^3$으로 나타내자.

만약에 $$d^3 : d'^3 \neq S : S'$$

이면, S'보다 더 크거나 더 작은 구 T가 있어서,

$$d^3 : d'^3 = S : T$$

가 될 것이다.

(1) T < S'라 해 보자.

T와 S'가 중점을 공유하고 있다고 가정하자.

12권 법칙 17에서처럼, S' 속에다 다면체를 내접시켜서, 그 면들이 T와 만나지 않도록 해라. 그리고 S 속에 그것과 닮은꼴인 다면체를 내접시켜라. 그러면

$$S : T = d^3 : d'^3 = S \text{ 속의 다면체} : S' \text{ 속의 다면체}$$

비례식을 바꾸면,

$$S : S \text{ 속의 다면체} = T : S' \text{ 속의 다면체}$$

그런데 $$S > S \text{ 속의 다면체}$$

그러므로 $$T > S' \text{ 속의 다면체}$$

그러나 $$T < S' \text{ 속의 다면체}$$

가 되도록 잡았으니, 모순이 생겼다.

그러므로 $T \not< S'$

(2) $T > S'$라 해 보자.

그러면 $d^3 : d'^3 = S : T$

$= X : S'$

여기서 X는 S보다 더 작은 구이다. [12권 법칙 2, 보조 법칙]

비례식의 역을 취하면,

$$d'^3 : d^3 = S' : X$$

여기서 $X < S$이다.

그러나 이것은 불가능함을 (1)에서 보였다.

그러므로 $T \not> S'$

그러므로 T는 S'보다 더 클 수도, 더 작을 수도 없으니, S'와 같아야 한다. 따라서

$$d^3 : d'^3 = S : S'$$

# Euclidean Geometry

# 13권

## 정다면체

# 제13권에 대한 전반적인 해설

다섯 종류의 정다면체를 만든 것은 피타고라스 학파임을 보여주는 증거들을 4권 법칙 10 해설에서 이미 제시한 바 있다. 정다면체들 중에 정육면체, 정사면체(이것은 삼각뿔이다), 정팔면체(밑면이 사각형인 각뿔 두 개를 붙인 것이다)는 이집트 사람들도 알고 있었음이 확실하다. 그리고 피타고라스 시대보다 수세기 이전에 만든 것으로 추정되는, 구리 또는 다른 금속으로 만든 정십이면체가 발견되기도 하였다. (칸토어가 쓴 [Geschichte der Mathematik] 참조.)

[기하학 원론] 13권에 대해서 주석을 쓴 사람이 "다섯 개의 이른바 플라톤 입체들은 사실 플라톤이 만든 것이 아니다. 앞에서 말한 다섯 개의 입체들 중에 세 개는 피타고라스 학파가 만들었다. 즉 정육면체, 각뿔, 정십이면체, 이렇게 세 개. 그리고 정팔면체와 정이십면체는 테아에테투스가 만들었다."라고 말한 것은 사실이다. 이것은 어쩌면 제미누스가 한 말을 빌린 것 같은데, 정팔면체, 정이십면체에 대해서 약간의 내용이나마 처음으로 저술해 놓은 사람이 테아에테투스여서 그렇게 말한 것 같다.

수이다스에 따르면, 테아에테투스는 “이른바 ‘다섯 입체들’에 대해서 처음 써 놓았다.”고 한다. 모든 정다면체들에 대해서 체계적이고 완전한 글을 쓴 사람은 테아에테투스가 처음임을 말하는 것이 확실하다. 그렇지만 히파수스나 또는 다른 사람들이 그 이전에 정십이면체에 대해서 쓴 적이 있을 지도 모른다. 테아에테투스가 무리수 이론에 기여했다는 증거가 있는데, 그가 정다면체에 대해서 글을 썼다는 것은 이 증거와 잘 맞아떨어진다. [기하학 원론] 13권을 보면, 정다면체에 대한 연구와 무리수 이론 사이의 관계를 알 수 있다.

테아에테투스는 서기전 380년 무렵에 죽었다. 그의 뒤를 이어서, 아리스타유스가 정다면체에 관해서 글을 썼다. 아리스타유스는 유클리드와 동시대 사람인데, 약간 나이가 많았다. 그는 또한 [입체 궤적]이라는 중요한 책을 썼다. 즉 원뿔곡선을 궤적으로 다룬 것이다. 아리스타유스(그는 ‘연장자’로 알려져 있다)는 서기전 320년 무렵에 이 책을 저술하였다.

히프시클레스(Hypsicles)를 통해서, 아리스타유스가 다섯 종류의 정다면체들을 비교한 책을 썼음을 듣게 된다. 히프시클레스는 짤막한 책을 썼으며, 그 책의 내용은 [기하학 원론] 14권에 포함시켜 놓는 것이 보통이다. 히프시클레스는 이 책에서 여섯 개의 법칙들을 제시하고 있으며, 그것들은 [기하학 원론] 13권을 보충해 주고 있다. 그는 두 번째 법칙을 다음과 같이 소개하고 있다. (하이베르그가 편찬한 [기하학 원론] 참조.)

“같은 공에 정십이면체와 정이십면체가 내접하고 있으면, 정십이면체의 오각형에 외접하는 원과 정이십면체의 삼각형에 외접하는 원은 크기가 같다. 이 법칙은 아리스타유스가 쓴 [다섯 종류의 정다면체들을 비교함]이라는 책에 증명되어 있다."

히프시클레스는 이어서 이 법칙을 증명해 놓았다. 올만의 지적에 따르면([Greek Geometry from Thales to Euclid]), 이것을 증명하는 데 여덟 개의 법칙이 쓰이며, 그 중 여섯 개는 [기하학 원론] 13권에 나온다.(법칙 8, 10, 12, 15, 16과 딸린 법칙, 17) 올만이 언급하지 않았지만, 13권 법칙 4, 9도 쓰인다.

올만의 말에 따르면, 이것을 보면 브레트슈나이더의 추론이 옳음을 알 수 있다. 즉 유클리드 이전에 이러한 주제를 다룬 것으로 가장 나중의, 가장 최신의 것이 바로 아리스타유스의 책이며, [기하학 원론] 13권에는 아리스타유스가 쓴 책 내용의 일부분이 재생되어 있다.

유클리드 이후에, 같은 공에 내접하고 있는 정십이면체와 정이십면체를 비교하고 글을 쓴 사람은 아폴로니우스이다. 이 사실도 히프시클레스가 쓴 책에 나온다. 아리스타유스에 대해서 언급한 위의 글을 뒤이어 다음과 같이 써 놓았다. "아폴로니우스는 정십이면체의 표면적과 (같은 공에 내접하고 있는) 정이십면체의 표면적의 비율은 정십이면체의 부피와 정이십면체의 부피의 비율과 같음을 증명하였다. 공의 중점으로부터 정십이면체의 오각형으로 내린 수직선과, 정이십면체의 삼각형으로 내린 수직선이 같기 때문이다."

clidean
ometry

# 법칙

**법칙 1**

**어떤 선분을 평균과 작은 것의 비율로 잘라라. 그러면 전체의 절반에다 긴 토막을 더한 것으로 정사각형을 만들면, 그것의 넓이는 전체의 절반으로 만든 정사각형 넓이의 다섯 배가 된다.**

증명 선분 AB를 평균과 작은 것의 비율로 점 C에서 잘랐다고 하자. AC가 긴 토막이라고 하자. 선분 CA를 길게 늘여서 AB 길이의 절반이 되도록 AD를 잡아라. 그러면 CD로 만든 정사각형의 넓이는 AD로 만든 정사각형 넓이의 다섯 배임을 보여야 한다.

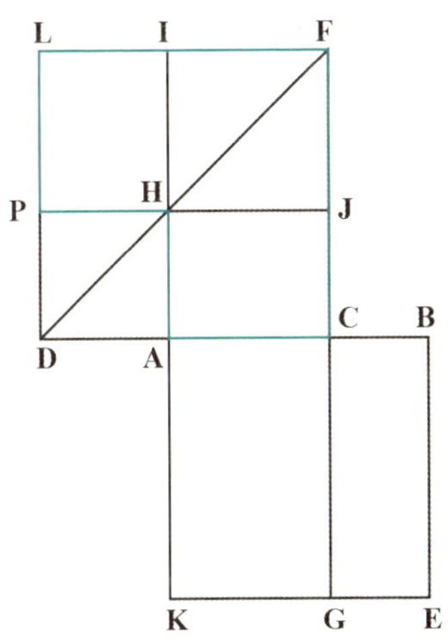


선분 AB에다 정사각형 AKEB를 만들어서 붙이고, 선분 DC에다 정사각형 DCFL을 만들어서 붙여라. 정사각형 DCFL의 속에다 그림처럼 도형을 그려라. 선분 FC를 길게 늘여서 점 G에 닿도록 해라. 점 C는 선분 AB를 평균과 작은 것의 비율

로 자르니, AB, BC로 만든 직사각형은 AC로 만든 정사각형과 넓이가 같다. [6권 정의 3, 6권 법칙 17] 그런데 AB, BC로 만든 직사각형은 CGEB이고, AC로 만든 정사각형은 FIHJ이다. 그러므로 직사각형 CGEB와 정사각형 FIHJ는 넓이가 같다.

AB는 AD의 두 배인데, AB와 AK는 길이가 같고, AD와 AH는 길이가 같으니, AK는 AH의 두 배이다. 그런데 AK와 AH의 비율은 AKGC와 HACJ의 넓이 비율과 같다. [6권 법칙 1] 그러므로 AKGC의 넓이는 HACJ 넓이의 두 배이다. 그런데 LPHI, HACJ를 더한 것도 HACJ 넓이의 두 배이다. 그러므로 AKGC는 LPHI, HACJ를 더한 것과 넓이가 같다. 그런데 CGEB는 IHJF와 넓이가 같음을 보였다. 그러므로 정사각형 AKEB 전체는 ㄱ 모양의 도형 LPHACF와 넓이가 같다. AB는 AD의 두 배이니, AB로 만든 정사각형은 AD로 만든 정사각형의 네 배 넓이이다. 즉 AKEB의 넓이는 PDAH의 넓이의 네 배이다. 그런데 AKEB는 ㄱ 모양의 도형 LPHACF와 넓이가 같다. 그러므로 ㄱ 모양의 도형 LPHACF의 넓이는 PDAH의 넓이의 네 배이다. 그러므로 정사각형 LDCF 전체는 PDAH 넓이의 다섯 배이다.

LDCF는 CD로 만든 정사각형이고, PDAH는 DA로 만든 정사각형이다. 그러므로 CD로 만든 정사각형의 넓이는 DA로 만든 정사각형 넓이의 다섯 배이다.

그러므로 이 법칙이 성립한다. □

해설 처음 다섯 개의 법칙들은 보조 법칙의 성격을 띠고 있다. 뒤에 가서 다른 법칙들을 증명하는 데 쓰이며, 이것들 자체는 그리 중요하지 않다.

이 법칙들은 기하학적으로 증명해 놓았으며, 대수학적인 방법은 전혀 쓰지 않고 있다. 그러니 [기하학 원론] 2권에서와 마찬가지이다. 그럼에도 불구하고 2권의 결과는 전혀 사용하지 않고 있다. (13권 법칙 2 뒤의 보조 법칙에서 쓰기는 하지만, 그것은 후대 사람들이 덧붙여 놓은 것임이 확실하다.) 그러니 이 법칙들은 그 이전부터 전해 내려온 책의 내용을 그대로 본뜬 것 같으며, 2권을 이용해서 고치거나 새로 쓴 것 같지가 않다. 프로클루스에 따르면, 유독수스는 "플라톤이 창시한 분할 이론에 관한 법칙들을 많이 만들었다." (여기서 분할이라는 말은 '황금 분할'을 가리킨다.) 그러므로 이 다섯 개의 법칙들은 유독수스가 만든 것 같다.

AB를 평균과 작은 것의 비율로 (황금 비율로) 점 C에서 자르면, AB, BC로 만든 직사각형의 넓이는 AC로 만든 정사각형의 넓이와 같음을 6권 법칙 17을 써서 보였다.

AB의 절반이 되도록 AD를 잡아라. 그러면 우리는

$$CD^2 = 5AD^2$$

이 됨을 보여야 한다.

그림을 보면,

$$\square CH = \square HL$$

임을 즉시 알 수 있다. 그러므로

$$\square CH + \square HL = 2\square CH = \square AG$$

그리고

$$\text{정사각형 } HF = AC^2 = AB \cdot BC = \square CE$$

덧셈을 하면,

$$ㄱ\ 모양의\ 도형\ LPHACF = AB^2 = 4AD^2$$

양변에다 $AD^2$을 더하면,

$$CD^2 = 5AD^2$$

이 됨을 알 수 있다.

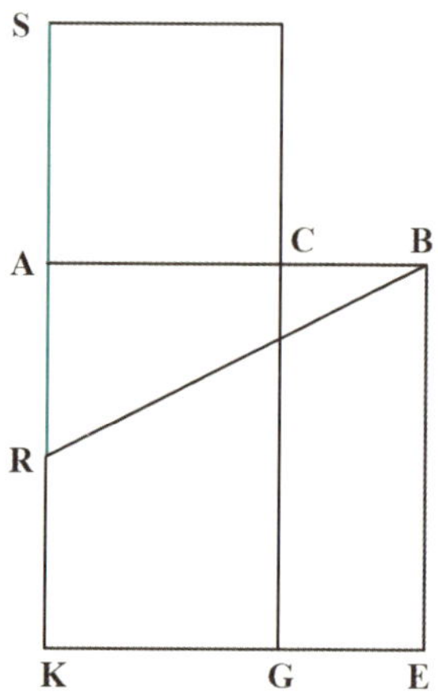


여기 이 법칙과 그 다음 법칙은, 2권 법칙 11의 그림을 쓰면 좀더 쉽게 알 수 있다. 작도한 것에 따라서, $SR = AC + \frac{1}{2}AB$가 된다. 그리고 우리는

$$SR^2 = 5AR^2$$

이 됨을 보여야 한다.

이것은 명백하다. 왜냐 하면

$SR^2 = RB^2 = AB^2 + AR^2 = 5AR^2$

어떤 필사본에는 13권 법칙 1 – 5에 아주 흥미로운 것이 덧붙여져 있다. 분석적인 방법과 합성적인 방법으로 증명해 놓은 것이다. 다음 글이 먼저 나온다.

"분석적인 방법은 무엇이고 합성적인 방법은 무엇인가?

분석적인 방법이란, 보이고자 하는 것이 성립한다고 놓은 다음, 그것으로부터 추론을 해서, 사실임을 알고 있는 것을 이끌어 내는 방법이다. 합성적인 방법이란, 사실임을 알고 있는 것으로부터 추론을 해서, 사실임을 알고 있는 것을 이끌어 내는 방법이다."

이 내용은 약간 잘못되었음이 확실하다. 합성적인 방법의 경우

원하는 것을 얻을 수 없기 때문이다. 필사본에 따라서는 "합성적인 방법이란, 사실임을 알고 있는 것으로부터 추론을 해서, 보이고자 하는 것을 이끌어 내는 방법이다."라고 되어 있기도 하다.

이것들은 모두 후대 사람들이 덧붙여 놓은 것들임이 확실하다. 아마 테온 시대 이전에 그랬던 것 같다. 처음에는 책의 여백에 써 놓았다가, 후대에 가서 완전히 책의 본문으로 들어온 것 같다. 하이베르그는 (브레트슈나이더를 뒤따라) 이게 어쩌면 테아에테투스나 유독수스가 분석적으로 연구하던 것의 유물인 지도 모른다고 추측하였다. 그는 파푸스의 언급을 인용하였다. 파푸스는 같은 넓이를 가지는 다섯 개의 정다면체들을 비교하는 일을 시작하면서, "나는 고대 기하학자들이 증명할 때 사용한 분석적인 방법을 쓰지 않겠다."고 말했다. 최근에 하이베르그는 헤론이 이것들을 만들었을 것이라고 추측하였다. [기하학 원론] 2권의 시작 부분을 해설하면서 분석적인 방법과 합성적인 방법에 대해서 언급한 것이라든가, 그가 2권의 내용을 약간 대수학적인 방법으로 증명한 것이 그 근거이다.

이것들이 어떤 성격인지 말하려면, 어느 한 법칙에 대해서 분석적인 방법과 합성적인 방법을 제시하기만 하면 된다. 13권 법칙 1의 경우 그 내용은 본질적으로 다음과 같다. 그림은 선분만 나온다.

선분 AB를 평균과 작은 것의 비율로 점 C에서 잘랐다고 하자. 그리고

$$AD = \frac{1}{2} AB$$

가 되도록 잡아라. 그러면

$$CD^2 = 5AD^2$$

임을 보이겠다.

(1) 분석적인 방법.

$$CD^2 = 5AD^2$$

이고, $CD^2 = CA^2 + AD^2 + 2CA \cdot AD$

이니, $CA^2 + 2CA \cdot AD = 4AD^2$

이 성립한다. 그런데

$$BA \cdot AC = 2CA \cdot AD$$

그리고 $CA^2 = AB \cdot BC$

그러므로 $BA \cdot AC + AB \cdot BC = 4AD^2$

즉 $AB^2 = 4AD^2$

이것은 사실임을 알고 있다. $AD = \frac{1}{2}AB$이기 때문이다.

(2) 합성적인 방법.

$$AB^2 = 4AD^2$$

이고, $AB^2 = BA \cdot AC + AB \cdot BC$

이니, $4AD^2 = 2DA \cdot AC + AC^2$

이 성립한다. 양변에다 $AD^2$을 더해라. 그러면

$$CD^2 = 5AD^2$$

**법칙 2**

**어떤 선분으로 만든 정사각형의 넓이가 그 선분의 한 토막으로 만든 정사각형 넓이의 다섯 배라고 하자. 그 토막을 두 배 길이로 만든 다음 평균과 작은 것의 비율로 잘라라. 그러면 이 때 생기는 큰 토막은 원래 선분의 나머지 한 토막과 길이가 같다.**

증명 선분 AB로 만든 정사각형의 넓이가 이 선분의 한 토막인 AC로 만든 정사각형 넓이의 다섯 배라고 하자. AC의 두 배를 CD라 하자. 그러면 CD를 평균과 작은 것의 비율로 잘랐을 때, 큰 토막이 CB가 됨을 보여야 한다. 선분 AB에다 정사각형 LABF를 만들어서 붙이고, 선분 CD에다 정사각형 CKGD를 만들어서 붙여라. 정사각형 LABF의 속에다 그림처럼 도형을 그려라. 선분 BE를 그어라. AB로 만든 정사각형의 넓이는 AC로 만든 정사각형 넓이의 다섯 배라고 했으니, LABF의 넓이는 PACH 넓이의 다섯 배이다. 그러므로 ㄱ 모양의 도형 LPHCBF의 넓이는 PACH 넓이의 네 배이다.

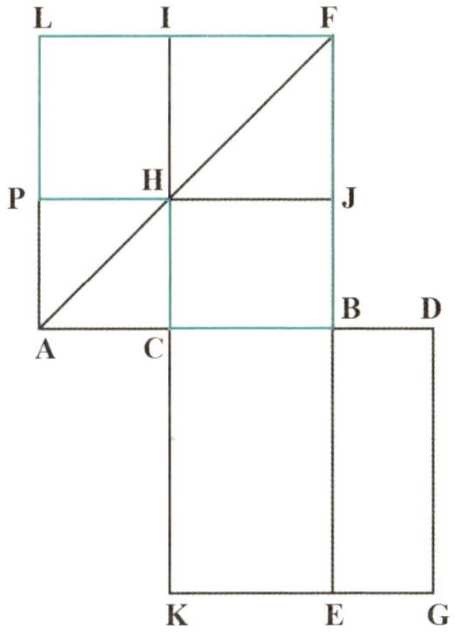


그리고 DC는 CA의 두 배이니, DC로 만든 정사각형은 CA로 만든 정사각형의 네 배 넓이이다. 즉 CKGD의 넓이는 PACH의 넓이의 네 배이다. 그런데 ㄱ 모양의 도형 LPHCBF의 넓이도 PACH 넓이의 네 배임을 보였다. 그러므로 ㄱ 모양의 도형 LPHCBF는 CKGD와 넓이가 같다.

DC는 CA의 두 배인데, DC와 CK는 길이가 같고, CA와 CH는 길이가 같으니, CKEB의 넓이는 HCBJ 넓이의 두 배이다. [6권 법칙 1] 그런데 LPHI, HCBJ를 더한 것도 HCBJ 넓이의 두 배이다. 그러므로 CKEB는 LPHI, HCBJ를 더한 것과 넓이가 같다.

그런데 ㄱ 모양의 도형 LPHCBF는 정사각형 CKGD와 넓이가 같음을 보였다. 그러므로 남는 것 IHJF는 남는 것 BEGD와 넓이가 같다. BEGD는 CD, DB로 만든 직사각형이다. 왜냐 하면, CD와 DG는 길이가 같기 때문이다. 그리고 IHJF는 CB로 만든 정사각형이다. 그러므로 CD, DB로 만든 직사각형은 CB로 만든 정사각형과 넓이가 같다. 그러므로 DC와 CB의 비율은 CB와 BD의 비율과 같다. 그런데 DC는 CB보다 더 길다. 그러므로 CB도 BD보다 더 길다. 그러므로 선분 CD를 평균과 작은 것의 비율로 잘랐을 때, CB가 더 긴 토막이다.

그러므로 이 법칙이 성립한다. □

해설 이 법칙은 법칙 1의 역이다. 식

$$AB^2 = 5AC^2$$

이 성립하도록 점 C를 선분 AB에서 잡고, CD = 2AC가 되도록 하면,

$$CD \cdot DB = CB^2$$

이 됨을 보여야 한다.

양변에서 $AC^2$을 빼면,

$$\text{ㄱ 모양의 도형 LPHCBF} = 4AC^2 = CD^2$$

앞의 법칙에서 증명한 것처럼,

$$\square CE = 2\square BH = \square BH + \square HL$$

$CD^2$과 ㄱ 모양의 도형 LPHCBF로부터 이들을 각각 빼면,

$$\square BG = \text{정사각형 } HF$$

즉 $$CD \cdot DB = CB^2$$

이 법칙의 경우도 2권 법칙 11에서와 비슷한 그림을 이용하면 좀더 쉽게 증명할 수 있다.

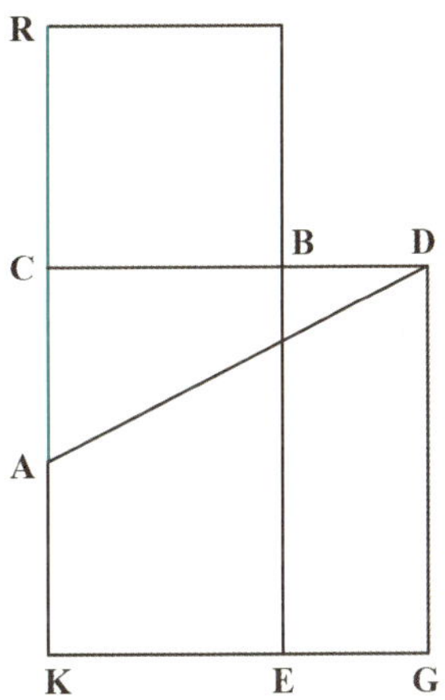


점 C를 지나고 CB에 수식이 되도록 CA를 긋고, CA의 길이가 원래 그림에서 CA의 길이와 같도록 잡아라. CD는 CA의 두 배가 되도록 잡아라. AC를 길게 늘여서, CR = CB가 되도록 잡아라.

CB, CD를 각각 변으로 가지는 정사각형들을 완성하고, 선분 AD를 그어라.

다음 식이 성립한다고 주어졌다.

$$AR^2 = 5CA^2$$

그런데 $$5AC^2 = AC^2 + CD^2 = AD^2$$

그러므로 $$AR^2 = AD^2$$

즉 $$AR = AD$$

이제 $$KR \cdot RC + AC^2 = AR^2 = AD^2 = AC^2 + CD^2$$

그러므로 $$KR \cdot RC = CD^2$$

즉 $$\square RE = \text{정사각형 } CG$$

양변에서 공통인 직사각형 CE를 빼라. 그러면

$$\square BG = \text{정사각형 } RB$$

즉 $CD \cdot DB = CB^2$

**보조 법칙**

**AC의 두 배가 BC보다 더 길은 다음과 같이 보일 수 있다.**

증명 만약에 그렇지 않다면, 예를 들어 BC가 AC의 두 배와 같다고 하자. 그러면 BC로 만든 정사각형은 CA로 만든 정사각형의 네 배 넓이이다. 그러므로 BC, CA로 만든 정사각형들을 더한 것은 CA로 만든 정사각형의 다섯 배 넓이이다. 그런데 가정에 따라서 BA로 만든 정사각형은 CA로 만든 정사각형의 다섯 배 넓이이다. 그러므로 BA로 만든 정사각형은 BC, CA로 만든 정사각형들을 더한 것과 넓이가 같다. 그러나 이건 불가능하다. [2권 법칙 4] 그러므로 BC는 AC의 두 배가 아니다. 마찬가지 방법으로 BC보다 짧은 선분은 AC의 두 배가 될 수 없음을 보일 수 있다. 이 경우는 더욱 터무니없이 된다. 그러므로 AC의 두 배는 BC보다 더 길다.

그러므로 이 법칙이 성립한다. □

해설 법칙 2의 뒤에 나오는 이 보조 법칙에 대해서, 하이베르그는 이게 과연 유클리드의 것인지 의심하였으며, 그의 의심은 정당해 보인다.

**법칙 3**

**어떤 선분을 평균과 작은 것의 비율로 잘라라. 그러면 긴 토막의 절반에다 짧은 토막을 더한 것으로 정사각형을 만들면, 그것의 넓이는 긴 토막의 절반으로 만든 정사각형 넓이의 다섯 배가 된다.**

증명 선분 AB를 평균과 작은 것의 비율로 점 C에서 잘랐다고 하자. AC가 긴 토막이라고 하자. AC를 이등분하는 점을 D라고 하자. 그러면 BD로 만든 정사각형의 넓이는 DC로 만든 정사각형 넓이의 다섯 배가 됨을 보여야 한다. 선분 AB에다 정사각형 AIEB를 만들어서 붙여라. 그림처럼 도형을 그려라.

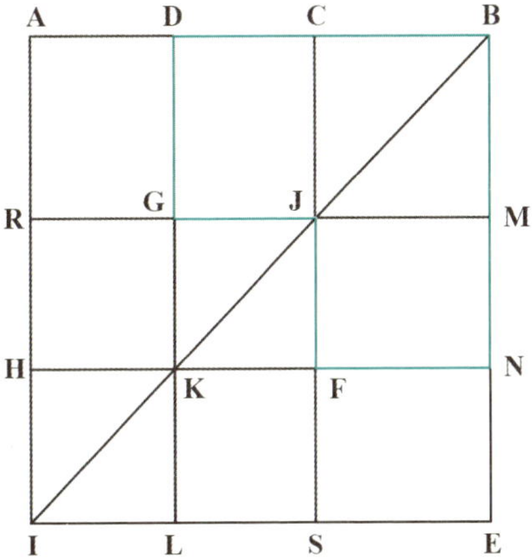


AC는 DC의 두 배이니, AC로 만든 정사각형의 넓이는 DC로 만든 정사각형 넓이의 네 배이다. 즉 RISJ의 넓이는 GKFJ 넓이의 네 배이다. 그런데 AB, BC로 만든 직사각형은 AC로 만든 정사각형과 넓이가 같고, CSEB가 AB, BC로 만든 직사각형이니, CSEB는 RISJ와 넓이가 같다. 그런데 RISJ의 넓이는 GKFJ 넓이의 네 배이다. 그러므로 CSEB의 넓이도 GKFJ 넓이의 네 배이다. AD와 DC는 길이가 같으니, HK와 KF도 길이가 같다. 그러므로 정사각형 GKFJ와 정사각형 HILK는 넓이가 같다. 그러므로 GK와 KL은 길이가 같다. 즉 MN과 NE는 길이가 같다. 그러므로 JFNM과 FSEN은 넓이가 같다. 그런데 JFNM은 DGJC와 넓이가 같다. 그러므로 DGJC와 FSEN도 넓이가 같다.

양쪽에다 CFNB를 더해라. 그러면 ㄱ 모양의 도형 DGJFNB는 직사각형 CSEB와 넓이가 같다. 그런데 CSEB는 GKFJ 넓이의 네 배임을 보였다. 그러므로 ㄱ 모양의 도형 DGJFNB의 넓이도

GKFJ 넓이의 네 배이다.

그러므로 ㄱ 모양의 도형 DGJFNB에다 정사각형 GKFJ를 더한 것은 GKFJ 넓이의 다섯 배가 된다. 그런데 ㄱ 모양의 도형 DGJFNB에다 정사각형 GKFJ를 더하면 정사각형 DKNB가 된다. DKNB는 DB로 만든 정사각형이며, GKFJ는 DC로 만든 정사각형이다. 그러므로 DB로 만든 정사각형의 넓이는 DC로 만든 정사각형 넓이의 다섯 배이다.

그러므로 이 법칙이 성립한다. □

해설 이 법칙의 경우는,

$$\begin{aligned} BD^2 &= \text{정사각형 } FG + \square CG + \square CN \\ &= \text{정사각형 } FG + \square FE + \square CN \\ &= \text{정사각형 } FG + \square CE \\ &= \text{정사각형 } FG + AB \cdot BC \\ &= \text{정사각형 } FG + AC^2 \text{가정에 따라서} \\ &= 5DC^2 \end{aligned}$$

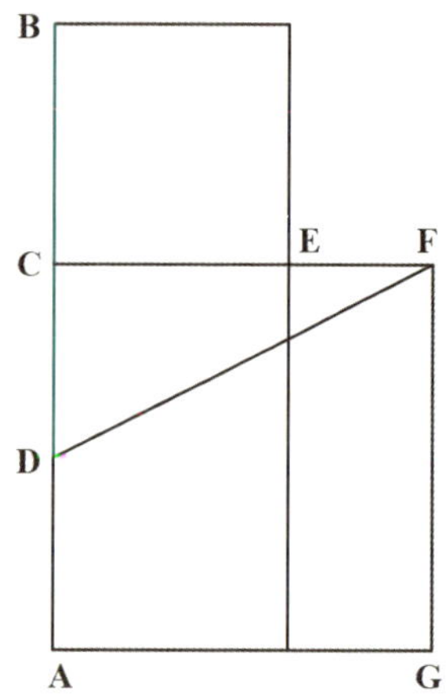


2권 법칙 11의 그림을 사용하면, 이 법칙은 더욱 명백하게 된다.

2권 법칙 11의 방법을 써서, CF를 평균과 작은 것의 비율로 자른 점이 E라고 하자. 그러면

$AB \cdot BC + CD^2 = BD^2 = CD^2 + CF^2$

$AB \cdot BC = CF^2 = CA^2$

그리고 AB를 평균과 작은 것의 비율로 자르는 점이 C이다.

그리고 $BD^2 = DF^2 = 5CD^2$

**법칙 4**

**어떤 선분을 평균과 작은 것의 비율로 잘라라. 그러면 전체 선분으로 만든 정사각형에다 짧은 토막으로 만든 정사각형을 더한 것은 긴 토막으로 만든 정사각형 넓이의 세 배가 된다.**

증명 선분 AB를 평균과 작은 것의 비율로 점 C에서 잘랐다고 하자. AC가 긴 토막이라고 하자. 그러면 AB, BC로 만든 정사각형들을 더한 것은 AC로 만든 정사각형 넓이의 세 배가 됨을 보여야 한다.

선분 AB에다 정사각형 ADEB를 만들어서 붙여라. 그림처럼 도형을 그려라. 점 C는 선분 AB를 평균과 작은 것의 비율로 자르고, AC가 긴 토막이니, AB, BC로 만든 직사각형은 AC로 만든 정사각형과 넓이가 같다. [6권 정의 3, 6권 법칙 17] AHKB는 AB, BC로 만든 직사각형이고, HDGF는 AC로 만든 정사각형이니, AHKB와 HDGF는 넓이가 같다. 그런데 AHFC는 FGEK와 넓이가 같으니, 양쪽에다 CFKB를 더하면, AHKB 전체와 CGEB 전체는 넓이가 같다. 그러므로 AHKB와 CGEB를 더한 것은 AHKB의 두 배가 된다.

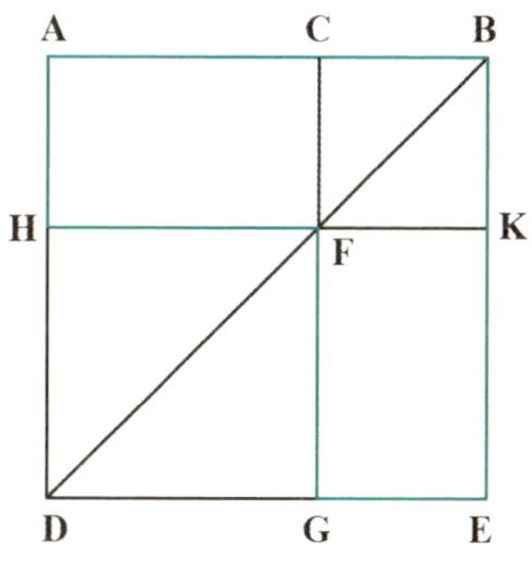


그런데 AHKB와 CGEB를 더한 것은 ㄱ 모양의 도형 AHFGEB

에다 정사각형 CFKB를 더한 것과 같다. 그러므로 ㄱ 모양의 도형 AHFGEB에다 정사각형 CFKB를 더한 것은 AHKB의 두 배가 된다. 그런데 AHKB는 HDGF와 넓이가 같음을 보였다. 그러므로 ㄱ 모양의 도형 AHFGEB에다 정사각형 CFKB, HDGF를 더한 것은 정사각형 HDGF의 세 배가 된다. 그런데 ㄱ 모양의 도형 AHFGEB에다 정사각형 CFKB, HDGF를 더한 것은 정사각형 ADEB 전체에다 정사각형 CFKB를 더한 것이다. 바꿔 말하면 AB, BC로 만든 정사각형들을 더한 것이다. 그리고 HDGF는 AC로 만든 정사각형이다. 그러므로 AC, BC로 만든 정사각형들을 더한 것은 AC로 만든 정사각형의 세 배가 된다.

그러므로 이 법칙이 성립한다. □

해설 앞의 법칙들에서와 마찬가지로, 여기서도 유클리드는 2권의 내용을 언급하지 않은 채 2권의 방법을 써서 새로이 증명하였다. 2권의 내용을 이용하면 좀더 간단하게 증명할 수 있다. 2권 법칙 7에 따라서,

$$AB^2 + BC^2 = 2AB \cdot BC + AC^2 = 3AC^2$$

**법칙 5**

어떤 선분을 평균과 작은 것의 비율로 잘라라. 여기에다 긴 토막과 길이가 같은 선분을 붙여라. 그러면 전체 선분을 평균과 작은 것의 비율로 자른 것이 되며, 원래 선분이 긴 토막이 된다.

선분 AB를 평균과 작은 것의 비율로 점 C에서 잘랐다고 하자. AC가 긴 토막이라고 하자. AC와 길이가 같도록 AD를 잡아라. 그러면 점 A는 선분 DB를 평균과 작은 것의 비율로 자르며, 원래 선분 AB가 긴 토막이 됨을 보여야 한다. 선분 AB에다 정사각형 AMEB를 만들어서 붙여라. 그림처럼 도형을 그려라.

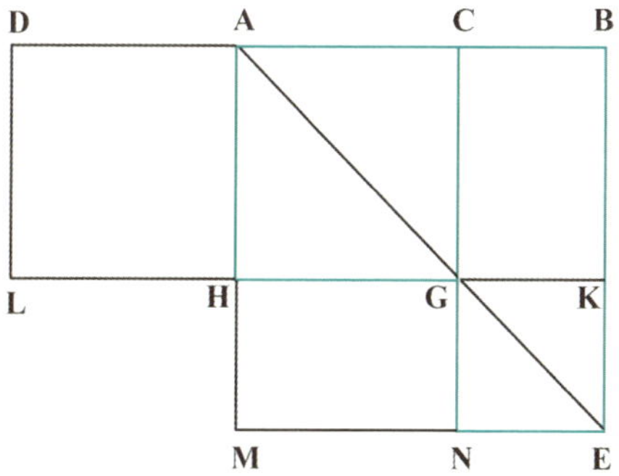


점 C는 선분 AB를 평균과 작은 것의 비율로 자르니, AB, BC로 만든 직사각형의 넓이는 AC로 만든 정사각형의 넓이와 같다. [6권 정의 3, 6권 법칙 17] 그런데 CNEB는 AB, BC로 만든 직사각형이고, AHGC는 AC로 만든 정사각형이다. 그러므로 CNEB와 AHGC는 넓이가 같다. 그런데 HMEK와 CNEB는 넓이가 같다. 그리고 DLHA는 AHGC와 넓이가 같다. 그러므로 DLHA는 HMEK와 넓이가 같다. 그러므로 DLKB 전체는 AMEB 전체와 넓이가 같다. 그런데 DLKB는 BD, DA로 만든 직사각형이다. 왜냐 하면, AD와 DL은 길이가 같기 때문이다. 그리고 AMEB는 AB로 만든 정사각형이다. 그러므로 BD, DA로 만든 직사각형은 AB로 만든 정사각형과 넓이가 같다. 그러므로 DB와 BA의 비율은 BA와 AD의 비율과 같다. [6권 법칙 17] 그리고 DB가 BA보다 더 크니, BA는 AD보다 더 크다. [5권 법칙 14] 그러므로 점 A는 선분 DB를 평균과 작은 것의 비율로 자르며, AB가 긴 토막이다.

그러므로 이 법칙이 성립한다. □

해설 정사각형 DH = 정사각형 HC = □CE가정에 따라서 = □HE

양변에다 직사각형 AK를 더해라. 그러면

□DK = 정사각형 AE

즉 $BD \cdot DA = AB^2$

이 결과는 물론 2권 법칙 11로부터 쉽게 나온다. 필사본에 따라서, 달리 증명하는 방법이 나오기도 한다. 이 방법은 5권의 내용을 이용한다. 가정에 따라서, BA : AC = AC : CB

역으로, AC : AB = CB : AC

그러므로 (AB + AC) : AB = AB : AC

즉 DB : BA = BA : AD

**법칙 6**

**길이가 바른 선분을 평균과 작은 것의 비율로 잘라라. 그러면 각각의 토막들은 길이가 바르지 않은 선분이며, 뺀 선분이다.**

증명 길이가 바른 선분 AB를 평균과 작은 것의 비율로 점 C에서 잘랐다고 하자. AC가 더 긴 토막이라고 하자. 그러면 두 선분 AC, CB는 길이가 바르지 않은 선분이며, 뺀 선분임을 보여야 한다.

선분 AB를 길게 늘여서 AB 길이의 절반이 되도록 AD를 잡아라. 선분 AB를 평균과 작은 것의 비율로 잘랐고, 긴 토막 AC에다 AB의 절반인 AD를 붙였으니, CD로 만든 정사각형의 넓이는 DA로 만든 정사각형 넓이의 다섯 배이다. [13권 법칙 1] 그러므로 CD로 만든 정사각형과 DA로 만든 정사각형의 넓이 비율은 어떤

수와 어떤 수의 비율과 같다. 그러므로 CD로 만든 정사각형과 DA로 만든 정사각형은 넓이를 같이 잴 수 있다. [10권 법칙 6] 그런데 DA로 만든 정사각형은 넓이가 바르다. 왜냐 하면, AB의 길이가 바르고, DA는 AB의 절반이니 길이가 바르기 때문이다. [10권 정의 4] 그러므로 CD의 길이도 바르다. CD로 만든 정사각형과 DA로 만든 정사각형의 넓이 비율은 제곱수와 제곱수의 비율과 같지 않으니, CD와 DA는 길이를 같이 잴 수 없다. [10권 법칙 9] 그러므로 CD, DA는 길이가 바른 선분들이며 이들로 만든 정사각형들의 넓이만을 같이 잴 수 있다. 그러므로 AC는 뺀 선분이다. [10권 법칙 73] 그리고 AB를 평균과 작은 것의 비율로 잘랐으며, AC가 긴 토막이니, AB, BC로 만든 직사각형의 넓이는 AC로 만든 정사각형의 넓이와 같다. [6권 정의 3, 6권 법칙 17]

그러므로 뺀 선분인 AC로 만든 정사각형과 넓이가 같도록 직사각형을 만들어서 길이가 바른 선분 AB에다 붙이면, 이 때 생기는 폭은 바로 BC이다. 그런데 뺀 선분으로 만든 정사각형과 넓이가 같도록 직사각형을 만들어서 길이가 바른 선분에다 붙이면, 이 때 생기는 폭은 첫 번째 뺀 선분이다. [10권 법칙 97] 그러므로 CB는 첫 번째 뺀 선분이다. 그리고 CA도 뺀 선분임을 이미 증명하였다.

그러므로 이 법칙이 성립한다. □

해설 이 법칙은 후대 사람들이 덧붙여 놓은 것임이 확실하다. 이 법칙이 들어 있는 필사본에서, 그 필사원은 (원본으로부터 이것을 필사한 이후) "이 법칙은 최근에 유통되는 대부분의 필사본들에서 찾아 볼 수 없지만, 옛날의 책에서 이것을 발견하였다."라고 적어 놓았다.

첫 번째 근거로서, 그 필사본 자체를 보면, 13권 법칙 17 직후에 주석이 있어서, 13권 법칙 6과 동일한 내용을 증명하고 있다. 13권 법칙 6이 이미 앞에 나왔다면, 그것은 아무런 쓸모가 없다. 그러니 그 주석을 기술할 당시에는, 이 법칙이 아직 추가되지 않았을 것이다.

두 번째로, 그 필사본에서 이 법칙은 법칙 5를 달리 증명하는 방법의 앞부분에 놓여 있다. 법칙 5를 달리 증명하는 방법은 후대 사람들이 덧붙이 것이라는 게 일반적인 정설이다. 그러니 법칙 6이 추가되고, 그 이후 시대에 법칙 5를 달리 증명하는 방법이 추가되었으며, 그 이후에 이것의 영향으로 법칙 6은 원래 법칙 5로부터 분리, 독립하여 법칙 6이 된 것 같다.

세 번째로, 이 법칙 자체에도 의심스러운 부분이 있다. 각각의 토막들이 '뺀 선분'이라고 되어 있다가, 뒤에 가서 작은 토막은 '첫 번째' 뺀 선분이라고 추가되어 있다. 그 필사본의 주석에는 이러한 흠이 없다. 13권 법칙 17에서 실제로 필요한 것은 '긴' 토막이 뺀 선분이라는 것이다. 유클리드는 아마 13권 법칙 1로부터 이 사실이 명백하게 나온다고 받아들인 것 같다. 그러니 13권 법칙 6 및 13권 법칙 17에서 그것을 인용한 대목은 유클리드가 쓴 게 아니다.

**법칙 7**

**변들의 길이가 모두 같은 오각형이 있다고 하자. 이 오각형의 세 각이 크기가 같다고 하자. 그러면 이 오각형은 모든 각이 크기가 같다.**

증명 변들이 길이가 모두 같은 오각형 ABCDE가 있다고 하자. 우선, 차

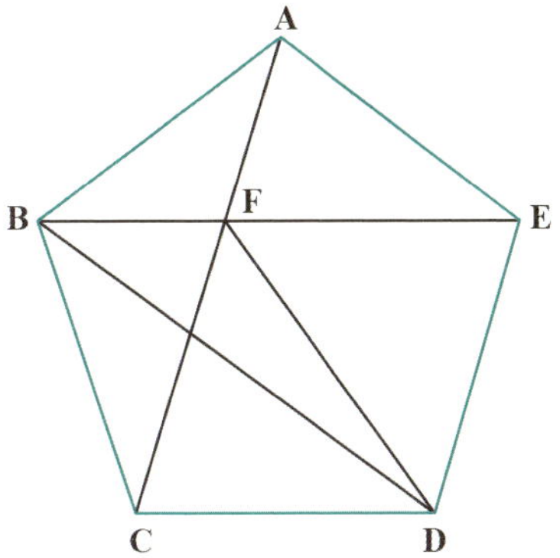


레차례 있는 세 각 A, B, C의 크기가 같다고 하자. 그러면 오각형 ABCDE는 모든 각들의 크기가 같음을 보이겠다. 선분 AC, BE, FD를 그어라. 두 변 CB, BA가 두 변 BA, AE와 길이가 같고, 각 CBA와 각 BAE의 크기가 같으니, 밑변 AC는 밑변 BE와 길이가 같고, 삼각형 ABC는 삼각형 BAE와 똑같다. [1권 법칙 4] 그러므로 나머지 각들은 나머지 각들과 크기가 같다. 즉 같은 길이의 변들을 마주 보는 각들은 크기가 같다. 그러니 각 BCA와 각 AEB는 크기가 같고, 각 CAB와 각 EBA는 크기가 같다. 그러므로 변 AF와 변 BF는 길이가 같다. [1권 법칙 6] 그런데 AC 전체와 BE 전체는 길이가 같음을 보였다. 그러므로 남는 것 FC는 남는 것 FE와 길이가 같다. 그런데 CD와 DE는 길이가 같다. 그러므로 두 변 FC, CD는 두 변 FE, ED와 각각 길이가 같다. 그리고 밑변 FD는 공통이다. 그러므로 각 FCD와 각 FED는 크기가 같다. [1권 법칙 8]

그런데 각 BCA와 각 AEB는 크기가 같음을 보였다. 그러므로 각 BCD 전체는 각 AED 전체와 크기가 같다. 그리고 가정에 따라서 각 BCD는 각 A, 각 B와 크기가 같다. 그러므로 각 AED도 각 A, 각 B와 크기가 같다. 마찬가지 방법으로 각 CDE도 각 A, 각 B, 각 C와 크기가 같음을 보일 수 있다. 그러므로 오각형 ABCDE는 각들의 크기가 모두 같다.

그 다음, 차례차례 있지 않는 세 각 A, C, D의 크기가 같다고 하자. 이 경우에도 오각형 ABCDE는 모든 각들의 크기가 같음을 보여야 한다. 선분 BD를 그어라. 두 변 BA, AE는 두 변 BC, CD와 길이가 같고, 이들은 크기가 같은 각들을 끼고 있으니, 변 BE와 변 BD는 길이가 같으며, 삼각형 ABE와 삼각형 CBD는 똑같다. [1권 법칙 4] 그러므로 나머지 각들은 나머지 각들과 크기가 같다. 즉 같은 길이의 변들을 마주 보는 각들은 크기가 같다. 그러니 각 AEB와 각 CDB는 크기가 같다. 그런데 각 BED는 각 BDE와 크기가 같다. 왜냐 하면, 변 BE와 변 BD의 길이가 같기 때문이다. [1권 법칙 5] 그러므로 각 AED 전체는 각 CDE 전체와 크기가 같다. 그런데 가정에 따라서 각 CDE는 각 A, 각 C와 크기가 같다. 그러므로 각 AED도 각 A, 각 C와 크기가 같다. 마찬가지 이유로 각 ABC도 각 A, 각 C, 각 D와 크기가 같다. 그러므로 오각형 ABCDE는 모든 각들의 크기가 같다.

그러므로 이 법칙이 성립한다. □

해설 이 법칙은 13권 법칙 17에서 쓰인다.

유클리드의 증명 과정을 요약하면 다음과 같다.

(1) 각 A, B, C의 크기가 같다고 하자.

그러면 이등변삼각형 BAE와 ABC는 서로 합동이다. 그러므로

$$BE = AC,\ \angle BCA = \angle BEA,\ \angle CAB = \angle EBA$$

맨 마지막의 등식에 따라서,

$$FA = FB$$

그리고 BE = AC이니,

FC = FE

그러므로 △FED와 △FCD는 서로 합동이다. [1권 법칙 8, 4]

그리고 ∠FCD = ∠FED

그런데 ∠ACB = ∠AEB

임을 앞에서 보였다. 그러므로 덧셈을 하면,

∠BCD = ∠AED

마찬가지 방법으로, 각 CDE도 각 A, B, C와 크기가 같음을 보일 수 있다.

(2) 각 A, C, D의 크기가 같다고 하자.

그러면 이등변삼각형 ABE와 CBD는 서로 합동이다. 그러므로

∠CDB = ∠AEB

이고, BE = BD이니, ∠BDE = ∠BED이다.

이들을 각각 더하면, ∠CDE = ∠DEA를 얻는다. 마찬가지 방법으로, 각 ABC도 각 A, C, D와 크기가 같음을 보일 수 있다.

**법칙 8**

**변들의 길이가 모두 같고 각들의 크기가 모두 같은 오각형(정오각형)에서 차례차례 있는 두 각을 마주 보는 선분들을 그으면, 그 선분들은 서로를 평균과 작은 것의 비율로 자른다. 이 때 생기는 긴 토막은 오각형의 변과 길이가 같다.**

증명 변들의 길이가 모두 같고 각들의 크기가 모두 같은 정오각형 ABCDE가 있는데, 차례차례 있는 두 각 A, B와 마주 보도록 선분 BE, AC를 그어라. 이 두 선분이 만나는 점을 H라 하자. 그러면

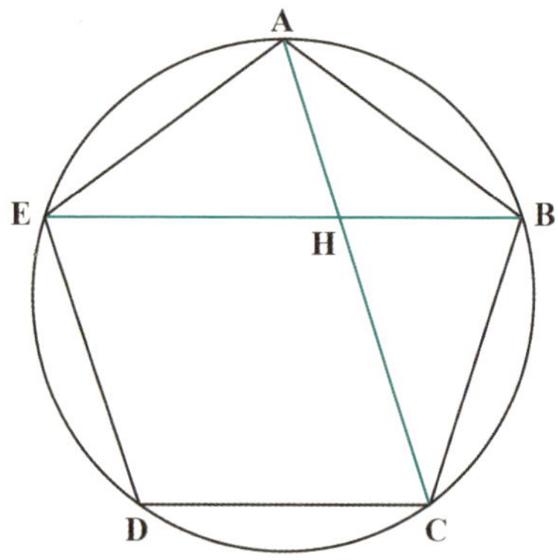


점 H는 이 두 선분을 평균과 작은 것의 비율로 자르며, 큰 토막의 길이가 오각형의 변의 길이와 같음을 보여야 한다.

오각형 ABCDE에 외접하도록 원 ABCDE를 그려라. [4권 법칙 14] 두 선분 EA, AB는 두 선분 AB, BC와 길이가 같고, 이들은 크기가 같은 각들을 끼고 있으니, 밑변 BE와 밑변 AC는 길이가 같으며, 삼각형 EAB와 삼각형 ABC는 똑같다. [1권 법칙 4] 그러므로 나머지 각들은 나머지 각들과 크기가 같다. 즉 같은 길이의 변들을 마주 보는 각들은 크기가 같다.

그러므로 각 BAC와 각 ABE는 크기가 같다. 그러므로 각 AHE의 크기는 각 BAH의 크기의 두 배이다. [1권 법칙 32] 그런데 각 EAC의 크기도 각 BAC의 크기의 두 배이다. 왜냐 하면, 호 EDC는 호 CB의 두 배이기 때문이다. [3권 법칙 28, 6권 법칙 33] 그러므로 각 HAE와 각 AHE는 크기가 같다. 따라서 선분 HE는 선분 EA와 길이가 같다. [1권 법칙 6] 즉 AB와 길이가 같다.

선분 BA와 선분 AE는 길이가 같으니, 각 ABE와 각 AEB는 크기가 같다. [1권 법칙 5] 그런데 각 ABE는 각 BAH와 크기가 같음을 보였다. 그러므로 각 BEA도 각 BAH와 크기가 같다. 그리고 각 ABE는 두 삼각형 ABE, HAB에 공통으로 있다. 그러므로 남은 각 BAE는 남은 각 AHB와 크기가 같다. [1권 법칙 32] 그러므로 삼각형 ABE와 삼각형 HAB는 각들의 크기가 같다. 그러므로 EB

와 BA의 비율은 AB와 BH의 비율과 같다. [6권 법칙 4]

그런데 BA와 EH는 길이가 같다. 그러므로 BE와 EH의 비율은 EH와 HB의 비율과 같다. 그런데 BE는 EH보다 더 길다. 그러므로 EH도 HB보다 더 길다. [5권 법칙 14] 그러므로 점 H는 BE를 평균과 작은 것의 비율로 자르며, 긴 토막 HE는 오각형의 변과 길이가 같다. 마찬가지 방법으로 점 H는 AC를 평균과 작은 것의 비율로 자르며, 긴 토막 CH는 오각형의 변과 길이가 같음을 보일 수 있다.

그러므로 이 법칙이 성립한다. □

해설 이 법칙을 증명하려면,

(1) $EH = EA\ (= AB)$

(2) $\triangle AEB$와 $\triangle HAB$는 서로 닮은꼴임을 보여야 한다.

(1)을 보이기 위해서, 우선

$\triangle AEB$와 $\triangle BAC$는 합동이다.

따라서 $EB = AC$

그리고 $\angle BAC = \angle ABE$

그러므로 $\angle AHE = 2\angle BAC = \angle EAC$

따라서 $EH = EA = AB$

(2)를 보이기 위해서, $\triangle AEB$와 $\triangle HAB$에서,

$\angle BAH = \angle EBA = \angle AEB$

그리고 $\angle ABE$는 공통이다.

그러므로 세 번째 각들인 $\angle AHB$와 $\angle EAB$는 크기가 같다. 따라서 $\triangle AEB$와 $\triangle HAB$는 서로 닮은꼴이다.

이 두 삼각형이 서로 닮은꼴이니,

$$EB : BA = BA : BH$$

즉 $$EB \cdot BH = BA^2 = EH^2$$

그러므로 H는 EB를 평균과 작은 것의 비율로 자른다. 마찬가지 이유로, H는 CA를 평균과 작은 것의 비율로 자른다.

**법칙 9**

**같은 크기의 원에 내접하는 정육각형의 변과 정십각형의 변을 더해라. 그러면 전체 선분을 평균과 작은 것의 비율로 자른 것과 같으며, 긴 토막이 정육각형의 변이다.**

증명 원 ABC가 있다고 하자. 원 ABC에 내접하는 정십각형의 한 변을 BC라 하고, 내접하는 정육각형의 한 변의 길이가 CD의 길이와 같다고 하자. BC와 CD를 붙여서 한 선분을 만들어라. 그러면 선분 BD를 평균과 작은 것의 비율로 자른 것이 BC, CD이며, CD가 긴 토막임을 보여야 한다. 원의 중점 E를 잡아라. 선분 EB, EC, ED를 그어라. 선분 BE를 길게 늘여서 A에 닿도록 해라.

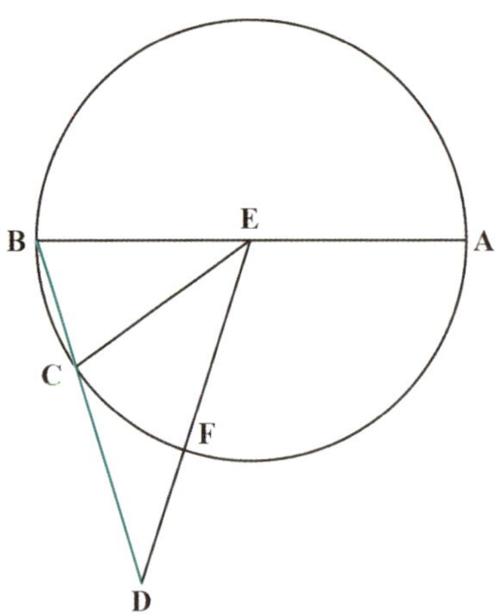


BC는 정십각형의 한 변이니, 호 ACB는 호 BC의 다섯 배이다. 그러므로 호 AC는 호 BC의 네 배이다. 그런데 호 AC와 호 BC의 비율은 각 AEC와 각

CEB의 크기 비율과 같다. [6권 법칙 33] 그러므로 각 AEC의 크기는 각 CEB의 크기의 네 배이다. 각 EBC와 각 ECB는 크기가 같으니 [1권 법칙 5], 각 AEC의 크기는 각 ECB의 크기의 두 배이다. [1권 법칙 32] 그리고 선분 EC와 선분 CD는 길이가 같다. 왜냐 하면, 이들은 원 ABC에 내접하는 정육각형의 변의 길이와 같기 때문이다. [4권 법칙 15, 딸린 법칙] 그러므로 각 CED와 각 CDE는 크기가 같다. [1권 법칙 5] 그러므로 각 ECB의 크기는 각 EDC의 크기의 두 배이다. [1권 법칙 32] 그런데 각 AEC의 크기는 각 ECB의 크기의 두 배임을 보였다. 그러므로 각 AEC는 각 EDC의 네 배이다. 그런데 각 AEC는 각 BEC의 네 배임을 보였다. 그러므로 각 EDC와 각 BEC는 크기가 같다.

그런데 각 EBD는 두 삼각형 BEC, BDE에 공통으로 있다. 그러므로 나머지 각 BED는 나머지 각 BCE와 크기가 같다. [1권 법칙 32] 그러므로 삼각형 BDE와 삼각형 BEC는 각들의 크기가 같다. 그러므로 DB와 BE의 비율은 EB와 BC의 비율과 같다. [6권 법칙 4]

그런데 EB와 CD는 길이가 같다. 그러므로 BD와 DC의 비율은 DC와 CB의 비율과 같다. 그런데 BD는 DC보다 더 기니까, DC는 CB보다 더 길다. 그러므로 선분 BD를 평균과 작은 것의 비율로 잘랐으며, DC가 긴 토막이다.

그러므로 이 법칙이 성립한다. □

**해설** 원에 내접하는 정십각형의 변을 BC라 하고, 내접하는 정육각형의 변을 CD라 하자. 즉 CD는 원의 반지름인 BE 또는 EC와 길이가 같다.

이 법칙을 증명하려면, △EBC와 △DBE가 서로 닮은꼴임을 보이면 충분하다. BC는 정십각형의 변이니,

호 BCA = 5(호 BC)

따라서 호 CFA = 4(호 BC)

그러므로 ∠CEA = 4∠BEC

그런데 ∠CEA = 2∠ECB

그러므로 ∠ECB = 2∠BEC …… (1)

그런데 CD = CE이니,

∠CDE = ∠CED

따라서 ∠ECB = 2∠CDE

(1)로부터 ∠BEC = ∠CDE

이제 △EBC와 △DBE에서,

∠BEC = ∠BDE

그리고 ∠EBC는 공통이다.

따라서 ∠ECB = ∠DEB

그러므로 △EBC와 △DBE는 닮은꼴이다.

그러므로 DB : BE = EB : BC

즉 $DB \cdot BC = EB^2 = CD^2$

따라서 C는 DB를 평균과 작은 것의 비율로 자른다.

반지름이 $r$이라 하고, 정십각형의 변의 길이를 대수학적으로 찾아보자. 변의 길이를 $x$라 하면,

$$(r+x)x = r^2$$

따라서 $$x = \frac{r}{2}(\sqrt{5} - 1)$$

**법칙 10**

**어떤 원에 내접하는 정오각형의 변으로 만든 정사각형의 넓이는, 같은 원에 내접하는 정육각형과 정십각형의 변들로 만든 정사각형들의 넓이를 더한 것과 같다.**

증명 원 ABCDE가 있는데, 이 원에 정오각형 ABCDE가 내접한다고 하자. 그러면 정오각형 ABCDE의 한 변으로 만든 정사각형의 넓이는, 원 ABCDE에 내접하는 정육각형과 정십각형의 변들로 만든 정사각형들의 넓이를 더한 것과 같음을 보여야 한다.

원의 중점 F를 잡아라. 선분 AF를 긋고, 이것을 길게 늘여서 점 G에 닿도록 해라. 선분 FB를 그어라. 점 F에서 선분 AB에 수직이 되도록 선분 FH를 긋고, 이것을 길게 늘여서 점 K에 닿도록 해라. 선분 AK, KB를 그어라. 점 F에서 선분 AK에 수직이 되도록 선분 FL을 긋고, 이것을 길게 늘여서 점 M에 닿도록 해라. 선분 KN을 그어라. 호 ABCG는 호 AEDG와 길이가 같고, 거기에서 호 ABC는 호 AEG와 길이가 같으니, 빼고 남는 호 CG는 빼고 남는 호 GD와 길이가 같다. 그런데 선분 CD는 정오각

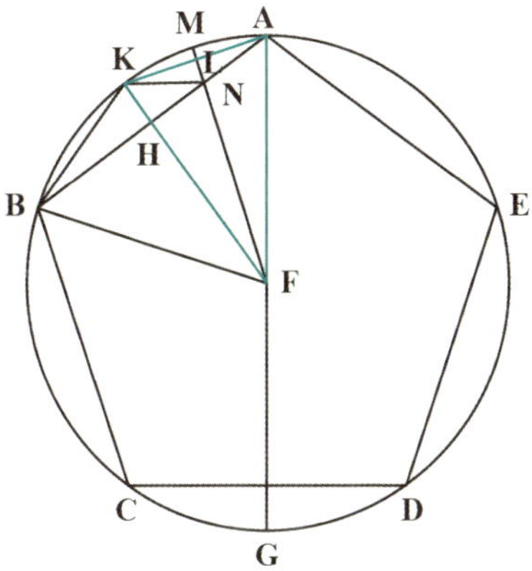

형의 변이다. 그러므로 선분 CG는 정십각형의 변이 된다.

FA와 FB는 길이가 같고, FH는 수직이니, 각 AFK와 각 KFB는 크기가 같다. [1권 법칙 5, 1권 법칙 26] 그러므로 호 AK와 호 KB는 길이가 같다. [3권 법칙 26] 그러므로 호 AB는 호 BK의 두 배이며, 따라서 선분 AK는 정십각형의 변이 된다. 마찬가지 이유로 AK도 KM의 두 배이다. 호 AB는 호 BK의 두 배이고, 호 CD는 호 AB와 길이가 같으니, 호 CD도 호 BK의 두 배이다. 그런데 호 CD는 호 CG의 두 배이다. 그러므로 호 CG와 호 BK는 길이가 같다. 그런데 호 BK는 호 KM의 두 배이다. 왜냐 하면, 호 KA가 호 KM의 두 배이기 때문이다. 그러므로 호 CG도 호 KM의 두 배이다.

그런데 호 CB는 호 BK의 두 배이다. 왜냐 하면, 호 CB는 호 BA와 길이가 같기 때문이다. 그러므로 호 GB 전체는 호 BM의 두 배이다. 그러므로 각 GFB도 각 BFM의 두 배이다. [6권 법칙 33] 그런데 각 GFB는 또한 각 FAB의 두 배이다. 왜냐 하면, 각 FAB와 각 ABF가 크기가 같기 때문이다. 그러므로 각 BFN과 각 FAB는 크기가 같다. 그런데 각 ABF는 두 삼각형 ABF와 BFN에 공통으로 있다. 그러므로 나머지 각 AFB는 나머지 각 BNF와 크기가 같다. [1권 법칙 32] 그러므로 삼각형 ABF와 삼각형 BFN은 각들의 크기가 같다. 그러므로 AB와 BF의 비율은 FB와 BN의 비율과 같다. 그러므로 AB, BN으로 만든 직사각형은 BF로 만든 정사각형과 넓이가 같다. [6권 법칙 17]

AL과 LK는 길이가 같고, LN은 공통이며 직각을 끼고 있으니, 밑변 KN과 밑변 AN은 길이가 같다. [1권 법칙 4] 그러므로 각 LKN과 각 LAN은 크기가 같다.

그런데 각 LAN과 각 KBN은 크기가 같다. 그러므로 각 LKN도 각 KBN과 크기가 같다. 그리고 각 A는 두 삼각형 AKB와 ANK에 공통으로 있다. 그러므로 나머지 각 AKB는 나머지 각 KNA와 크기가 같다. [1권 법칙 32] 그러므로 삼각형 AKB와 삼각형 ANK는 각들의 크기가 같다. 그러므로 AB와 AK의 비율은 KA와 AN의 비율과 같다. [6권 법칙 4] 그러므로 AB, AN으로 만든 직사각형은 AK로 만든 정사각형과 넓이가 같다. [6권 법칙 17]

그런데 AB, BN으로 만든 직사각형은 BF로 만든 정사각형과 넓이가 같음을 보였다. 그러므로 AB, BN으로 만든 직사각형에다 AB, AN으로 만든 직사각형을 더하면, 바꿔 말하면 AB로 만든 정사각형은 BF로 만든 정사각형과 AK로 만든 정사각형을 더한 것과 넓이가 같다. 그런데 AB는 정오각형의 변이며, BF는 정육각형의 변이며 [4권 법칙 15, 딸린 법칙], AK는 정십각형의 변이다.

그러므로 이 법칙이 성립한다. □

해설 원에 내접하는 정오각형 ABCDE가 있다고 하자. 지름 AG를 그어라. 그러면

$$호\ CG = 호\ GD$$

이고, 선분 CG, 선분 GD는 내접하는 정십각형의 변이 된다.

AB에 수직이 되도록 FHK를 그어라. 그러면 1권 법칙 26에 따라서, 각 AFK와 각 BFK는 크기가 같다. 그리고 선분 BK, 선분 KA는 내접하는 정십각형의 변이 된다.

AK에 수직이 되도록 FLM을 그으면, 마찬가지 이유로

$$AL = LK, 호\ AM = 호\ MK$$

다음 사실들을 증명하는 게 핵심이다.
(1) △ABF와 △FBN은 서로 닮은꼴이다.
(2) △ABK와 △AKN은 서로 닮은꼴이다.

(1) 2(호 CG) = 호 CD = 호 AB = 2(호 BK)
즉 호 CG = 호 BK = 호 AK = 2(호 KM)
그리고 호 CB = 2(호 BK)
그러므로 덧셈을 하면, 호 BCG = 2(호 BKM)
그러므로 ∠BFG = 2∠BFN
그런데 ∠BFG = 2∠FAB
그러므로 ∠FAB = ∠BFN
그러므로 △ABF와 △FBN에서,
∠FAB = ∠BFN
그리고 ∠ABF는 공통이다.
그러므로 ∠AFB = ∠BNF
이며, △ABF와 △FBN은 서로 닮은꼴이다.

(2) AL = LK이고, L에서의 각들은 직각이니,
AN = NK
그리고 ∠NKA = ∠NAK = ∠KBA
그러므로 △ABK와 △AKN에서,
∠ABK = ∠AKN
그리고 ∠KAN은 공통이다.
그러므로 세 번째 각도 서로 크기가 같다.

그러므로 △ABK와 △AKN은 서로 닮은꼴이다.

△ABF와 △FBN이 서로 닮은꼴이라고 했으니,

$$AB : BF = BF : BN$$

즉 $$AB \cdot BN = BF^2$$

그리고 △ABK와 △AKN이 서로 닮은꼴이라고 했으니,

$$AB : AK = AK : AN$$

즉 $$AB \cdot AN = AK^2$$

그러므로 덧셈을 하면,

$$AB \cdot BN + AB \cdot AN = BF^2 + AK^2$$

즉 $$AB^2 = BF^2 + AK^2$$

원의 반지름을 $r$이라 하면, 앞의 법칙에서

$$AK = \frac{r}{2}(\sqrt{5} - 1)$$

임을 보았다. 그러므로

$$(\text{정오각형의 변})^2 = r^2 + \frac{r^2}{4}(6 - 2\sqrt{5})$$

$$= \frac{r^2}{4}(10 - 2\sqrt{5})$$

즉 $$\text{정오각형의 변} = \frac{r}{2}\sqrt{10 - 2\sqrt{5}}$$

**법칙 11**

**반지름의 길이가 바른 원에 정오각형이 내접하면, 정오각형의 변은 길이가 바르지 않으며, 소선분이다.**

증명 원 ABCDE의 반지름의 길이가 바르다고 하자. 이 원에 정오각형 ABCDE가 내접한다고 하자. 그러면 이 정오각형의 변은 길이가 바르지 않으며, 소선분임을 보여야 한다.

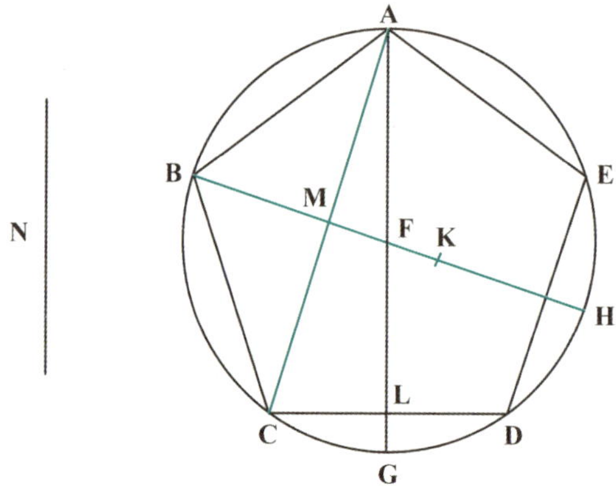


원의 중점 F를 잡아라. 선분 AF, FB를 긋고, 이 선분들을 길게 늘여서 점 G, H에 닿도록 해라 선분 AC를 그어라. FK의 길이가 반지름 AF의 사분의 일이 되도록 잡아라. AF의 길이는 바르니, FK의 길이도 바르다. 그런데 BF의 길이도 바르다. 그러므로 BK 전체 길이도 바르다. 호 ACG와 호 ADG는 길이가 같고, 여기서 호 ABC와 호 AED가 길이가 같으니, 빼고 남는 호 CG는 빼고 남는 호 GD와 길이가 같다.

선분 CD를 그으면, 점 L에서 생기는 각들은 모두 직각이며, CD는 CL의 두 배이다. 마찬가지 이유로 점 M에 있는 각들은 모두 직각이며, AC는 CM의 두 배이다. 각 ALC와 각 AMF는 크기가 같고, 각 LAC는 두 삼각형 ACL과 AFM에 공통으로 있으니, 나머지 각 ACL은 나머지 각 AFM과 크기가 같다. [1권 법칙 32] 그러므로 삼각형 ACL과 삼각형 AFM은 각들의 크기가 같다. 그러므로 LC와 CA의 비율은 MF와 FA의 비율과 같다.

전자들의 두 배를 잡아라. 그러면 LC의 두 배와 CA의 비율은, MF의 두 배와 FA의 비율과 같다. 그런데 MF의 두 배와 FA의 비율은, MF와 FA의 절반과의 비율과 같다. 그러므로 LC의 두 배와 CA의 비율은, MF와 FA의 절반과의 비율과 같다.

여기서 후자들의 절반을 잡아라. 그러면 LC의 두 배와 CA의 절반과의 비율은, MF와 FA의 사분의 일과의 비율과 같다. 그런데 LC의 두 배는 DC이고, CA의 절반은 CM이며, FA의 사분의 일은 FK이다. 그러므로 DC와 CM의 비율은 MF와 FK의 비율과 같다.

비례식의 덧셈에 따라서 DC, CM을 더한 것과 CM과의 비율은, MK와 FK의 비율과 같다. [5권 법칙 18] 그러므로 DC, CM을 더한 선분으로 만든 정사각형과 CM으로 만든 정사각형과의 넓이 비율은, MK로 만든 정사각형과 FK로 만든 정사각형의 넓이 비율과 같다.

정오각형의 두 변과 마주 보는 선분 AC를 평균과 작은 것의 비율로 자르면, 긴 토막은 정오각형의 변과 길이가 같다. [13권 법칙 8] 즉 DC와 길이가 같다. 그리고 전체의 절반에다 긴 토막을 더한 것으로 정사각형을 만들면, 그것의 넓이는 전체의 절반으로 만든 정사각형 넓이의 다섯 배가 된다. [13권 법칙 1] 전체 AC의 절반은 CM이다. 그러므로 DC, CM을 더한 선분으로 만든 정사각형의 넓이는 CM으로 만든 정사각형 넓이의 다섯 배이다.

그런데 DC, CM을 더한 선분으로 만든 정사각형과 CM으로 만든 정사각형과의 넓이 비율은, MK로 만든 정사각형과 FK로 만든 정사각형의 넓이 비율과 같음을 보였다. 그러므로 MK로 만든 정사각형의 넓이는 FK로 만든 정사각형 넓이의 다섯 배이다. 그런데 FK로 만든 정사각형의 넓이는 바르다. 왜냐 하면, 반지름의 길이가 바르기 때문이다. 그러므로 MK로 만든 정사각형의 넓이도 바르다. 그러므로 MK의 길이도 바르다. BF는 FK의 네 배이니, BK는 FK의 다섯 배이다. 그러므로 BK로 만든 정사각형의 넓이는 KF로 만든 정사각형 넓이의 스물다섯 배이다. 그런데 MK로 만든 정사각형의 넓이는 KF로 만든 정사각형 넓이의 다섯 배이다. 그러므로 BK로 만든 정사각형의 넓이는 MK로 만든 정사각형 넓이의 다섯 배이다. 그러므로 BK로 만든 정사각형과 MK로 만든 정사각형의 넓이 비율은 제곱수와 제곱수의 비율과 같지 않다. 그러므로 BK와 MK는 길이를 같이 잴 수 없다. [10권 법칙 9]

BK와 MK는 둘 다 길이가 바르다. 그러므로 BK, MK는 길이가 바른 선분들이며, 이들로 만든 정사각형들의 넓이만을 같이 잴 수 있다. 길이가 바른 선분에서 길이가 바른 선분을 뺐는데, 이들은 이들로 만든 정사각형들의 넓이만을 같이 잴 수 있다면, 남는 것은 길이가 바르지 않으며, 뺀 선분이 된다. [10권 법칙 73] 그러므로 MB는 뺀 선분이며, MK는 거기에다 붙인 선분이다.

이제 MB가 네 번째 뺀 선분임을 보이겠다. N으로 만든 정사각형의 넓이가 BK로 만든 정사각형의 넓이에서 MK로 만든 정사각형의 넓이를 뺀 것과 같도록 N을 잡아라. 그러면 BK로 만든 정사각형은 MK로 만든 정사각형에 비해서, N으로 만든 정사각형의 넓이만큼 더 넓다. KF와 FB는 같이 잴 수 있으니, 비례식의 덧셈에 따라서 KB와 FB도 같이 잴 수 있다. [10권 법칙 15] 그런데 BF와 BH는 같이 잴 수 있다. 그러므로 BK와 BH도 같이 잴 수 있다. [10권 법칙 12] BK로 만든 정사각형의 넓이는 MK로 만든 정사각형 넓이의 다섯 배이니, BK로 만든 정사각형과 MK로 만든 정사각형의 넓이 비율은 5대 1이다. 그러므로 전자와 뺀 것과의 비례식에 따라서 BK로 만든 정사각형과 N으로 만든 정사각형의 넓이 비율은 5대 4이다. [5권 법칙 19, 딸린 법칙] 이 비율은 제곱수와 제곱수의 비율과 같지 않으니, BK와 N은 길이를 같이 잴 수 없다. [10권 법칙 9] 그러므로 BK로 만든 정사각형은 MK로 만든 정사각형에 비해서, BK와 길이를 같이 잴 수 없는 선분으로 만든 정사각형의 넓이만큼 더 넓다. 전체 선분 BK로 만든 정사각형의 넓이가 붙인 선분 MK로 만든 정사각형의 넓이에 비해서 BK와 길이를 같이 잴 수 없는 선분으로 만든 정사각형의 넓이만큼 더 넓고, BK는 주어진 길이가 바른 선분 BH와 길이를 같이 잴 수 있으니, BM은 네 번째 뺀 선분이다. [10권 정의 III 4]

그런데 길이가 바른 선분과 네 번째 뺀 선분으로 만든 직사각형은 넓이가 바르지 않으며, 이것과 넓이가 같은 정사각형의 변은 길이가 바르지 않으며, 소선분이다. [10권 법칙 93] 그런데 AB로 만든 정사각형은 HB, BM으로 만든 직사각형과 넓이가 같다. 왜냐 하면, 선분 AH를 그으면 삼각형 ABH는 삼각형 MBA와 각들의 크기가 같으니, HB와 BA의 비율은 AB와 BM의 비율과 같기 때문이다. 그러므로 오각형의 변 AB는 길이가 바르지 않으며, 소선분이다.

그러므로 이 법칙이 성립한다. □

해설 10권에 나온 몇 가지 정의와 법칙이 여기서 쓰이고 있다.

우선 10권 법칙 73에 나온 '뺀 선분'의 정의를 알아야 한다. 이것은

$$\rho \sim \sqrt{k}\,\rho$$

형태의 선분을 말한다. 여기서 $\rho$는 길이가 바른 선분이며, $k$는 정수 또는 분수(유리수)이며, $\sqrt{k}$는 정수 또는 유리수가 되지 않는다. $\rho$와 $\sqrt{k}\rho$ 중에 작은 것을 가리켜 '붙인 것'이라고 부른다.

이제 '네 번째 뺀 선분'의 정의를 알아야 한다. (10권 정의 III 참조.) 이것은 $x-y$ 형태의 선분인데, $x$, $y$는 둘 다 바르며, 이들로 만든 정사각형들의 넓이만을 같이 잴 수 있고, $\sqrt{x^2-y^2}$은 $x$와 같이 잴 수 없으며, $x$는 주어진 길이가 바른 선분 $\rho$와 길이를 같이 잴 수 있다. 10권 법칙 88에서 설명하였듯이, 네 번째 뺀 선분은 다음과 같은 형태이다.

$$k\rho - \frac{k\rho}{\sqrt{1+\lambda}}$$

마지막으로, 10권 법칙 76에서 정의한 '소선분'을 알아야 한다. 이것은 $x-y$ 형태인데, 여기서 $x$, $y$는 이들로 만든 정사각형들의 넓이를 같이 잴 수 없고, $x^2+y^2$은 바르며, $xy$는 중용이다. 10권 법칙 76에서 설명하였듯이, 소선분은 다음과 같은 형태이다.

$$\frac{\rho}{\sqrt{2}}\sqrt{1+\frac{k}{\sqrt{1+k^2}}} - \frac{\rho}{\sqrt{2}}\sqrt{1-\frac{k}{\sqrt{1+k^2}}}$$

유클리드의 증명 과정을 요약하면 다음과 같다.

정오각형 ABCDE가 원에 내접하고 있다고 하자. 지름 AG, 지름 BH를 긋고, AG와 CD가 만나는 점을 L, BH와 AC가 만나는 점을 M이라 하자. FK는 $\frac{1}{4}$AF가 되도록 잡아라.

반지름 AF($=r$)는 길이가 바르니, FK, BK도 길이가 바르다.

호 CG, 호 GD는 길이가 같다. 그러므로 L의 각들은 직각이며,

CD = 2CL이다.

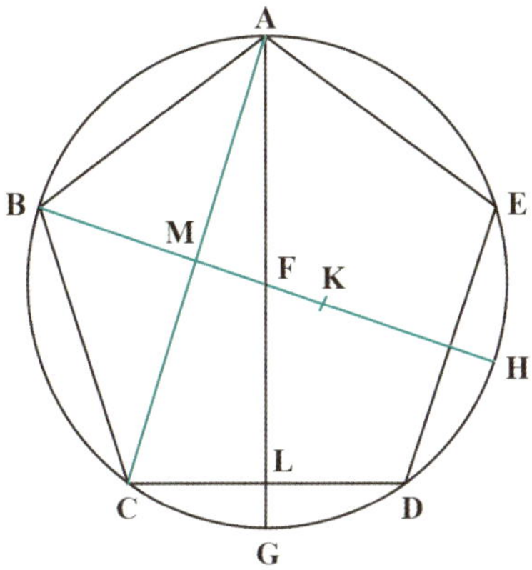


마찬가지로 M의 각들도 직각이며, AC = 2CM이다.

우리는 다음을 증명해야 한다.

(1) BM은 뺀 선분이다.

(2) BM은 네 번째 뺀 선분이다.

(3) BA는 길이가 바르지 않으며, 소선분이다.

CA를 평균과 작은 것의 비율로 자르면, 긴 토막은 내접하는 정오각형의 변이 되며 [13권 법칙 8], 13권 법칙 1에 따라서,

$$\left(CD + \frac{1}{2}CA\right)^2 = 5\left(\frac{1}{2}CA\right)^2$$

그러니 우리는 비율

$$(CD + CM)^2 : CM^2$$

을 포함하고 있는 비례식을 얻으려고 해야 한다.

△ACL과 △AFM은 각들의 크기가 같으며, 따라서 서로 닮은꼴이다. 그러므로

$$LC : CA = MF : FA$$

따라서 $$2LC : CA = MF : \frac{1}{2}FA$$

그러므로 $$2LC : \frac{1}{2}CA = MF : \frac{1}{4}FA$$

즉 $$DC : CM = MF : FK$$

그러므로 더한 다음에 제곱을 취하면,

$$(DC + CM)^2 : CM^2 = MK^2 : KF^2$$

그런데 $(DC + CM)^2 = 5CM^2$

그러므로 $MK^2 = 5KF^2$

(그러므로 $MK^2 = \frac{5}{16}r^2$ 즉, $MK = \frac{\sqrt{5}}{4}r$ )

그런데 KF는 바르니, $MK^2$은 바르다. 그러므로 MK는 바르다.

(1) BM은 '뺀 선분'이며, MK는 '붙인 것'임을 증명하자.

다음 식이 성립한다.

$$BF = 4FK$$

그러므로 $BK = 5FK$

$$BK^2 = 25FK^2 = 5MK^2$$

그러니 $BK^2$과 $MK^2$의 비율은 제곱수와 제곱수의 비율과 같지 않다. 그러므로 BK, MK는 길이를 같이 잴 수 없다. 그러므로 BK, MK는 길이가 바르며, 그들로 만든 정사각형들의 넓이만을 같이 잴 수 있다. 따라서 BM은 '뺀 선분'이다.

( $BK^2 = 5MK^2 = \frac{25}{16}r^2$ 그러므로 $BK = \frac{5}{4}r$ 따라서
$BK - MK = \frac{5}{4}r - \frac{\sqrt{5}}{4}r$ )

(2) BM이 '네 번째 뺀 선분'임을 증명하자.

KF, FB는 같이 잴 수 있으니, BK, BF는 같이 잴 수 있다. 즉 BK는 주어진 길이가 바른 선분 BH와 길이를 같이 잴 수 있다.

만약 $N^2 = BK^2 - KM^2$

이면, $BK^2 : KM^2 = 5 : 1$

이니, $BK^2 : N^2 = 5 : 4$

가 성립한다. 그러므로 BK, N은 같이 잴 수 없다.

그러므로 BM은 '네 번째 뺀 선분'이다.

(3) BA는 길이가 바르지 않으며, '소선분'임을 증명하자.

네 번째 뺀 선분과 길이가 바른 선분을 가지고 직사각형을 만들면, 그것과 넓이가 같은 정사각형의 변은 '소선분'이다. [10권 법칙 94]

이제 $BA^2 = HB \cdot BM$

여기서 HB는 바르며, BM은 네 번째 뺀 선분이다.

그러므로 BA는 '소선분'이다.

( $BA = \sqrt{2}\, r \sqrt{\frac{5}{4} - \frac{\sqrt{5}}{4}} = \frac{r}{2} \sqrt{10 - 2\sqrt{5}}$ 이것을 두 선분의 차이로 나타내면,

$BA = \frac{r}{2} \sqrt{5 + 2\sqrt{5}} - \frac{r}{2} \sqrt{5 - 2\sqrt{5}}$ )

**법칙 12**

**어떤 원에 정삼각형을 내접시키면, 삼각형의 변으로 만든 정사각형의 넓이는 원의 반지름으로 만든 정사각형 넓이의 세 배가 된다.**

증명

원 ABC가 있다고 하자. 이 원의 속에 정삼각형 ABC를 내접시켜라. 그러면 삼각형 ABC의 한 변으로 만든 정사각형의 넓이는 원의 반지름으로 만든 정사각형 넓이의 세 배가 됨을 보여야 한다.

이 원의 중점 D를 잡아라. 선분 AD를 긋고, 이 선분을 길게 늘

여서 점 E에 닿도록 해라. 선분 BE를 그어라.

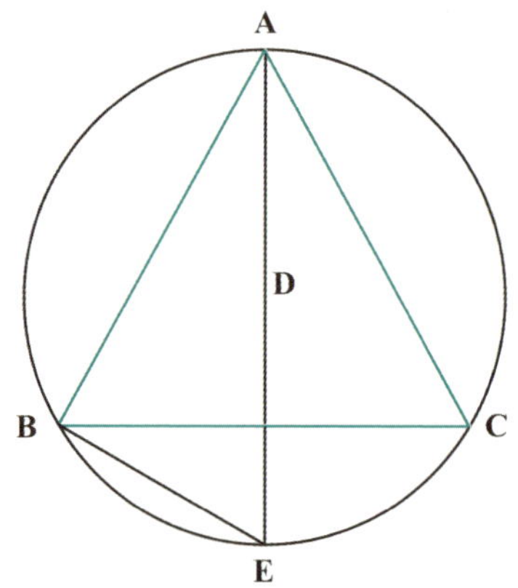


삼각형 ABC는 변들의 길이가 같으니, 호 BEC는 원 ABC의 전체 둘레의 삼분의 일이다. 그러므로 호 BE는 원 전체 둘레의 육분의 일이다. 그러므로 선분 BE는 내접하는 정육면체의 변이 된다. 그러므로 BE는 반지름 DE와 길이가 같다. [4권 법칙 15, 딸린 법칙]

AE는 DE의 두 배이니, AE로 만든 정사각형은 DE로 만든 정사각형에 비해 넓이가 네 배이다. 즉 BE로 만든 정사각형에 비해 넓이가 네 배이다. 그런데 AE로 만든 정사각형의 넓이는 AB, BE로 만든 정사각형들의 넓이를 더한 것과 같다. [3권 법칙 31, 1권 법칙 47] 그러므로 AB, BE로 만든 정사각형들을 더한 것은 BE로 만든 정사각형에 비해 넓이가 네 배이다. 그러므로 비례식의 빼셈에 따라서 AB로 만든 정사각형은 BE로 만든 정사각형에 비해 넓이가 세 배이다. 그런데 BE와 DE는 길이가 같다. 그러므로 AB로 만든 정사각형은 DE로 만든 정사각형에 비해 넓이가 세 배이다. 그러므로 내접하는 정삼각형의 변으로 만든 정사각형의 넓이는 반지름으로 만든 정사각형 넓이의 세 배이다.

그러므로 이 법칙이 성립한다. □

**법칙 13**

**주어진 공에 정사면체를 내접시키시오. 공의 지름으로 만든 정사각형의 넓이는 정사면체의 한 변으로 만든 정사각형 넓이의 한 배 반이 됨을 보이시오.**

증명

주어진 공의 지름이 AB라 하자. AC가 CB의 두 배가 되도록 점 C를 잡아라. 반원 ADB를 그려서 AB에다 붙여라. 점 C에서 AB에 수직이 되도록 선분 CD를 그어라. 선분 DA를 그어라.

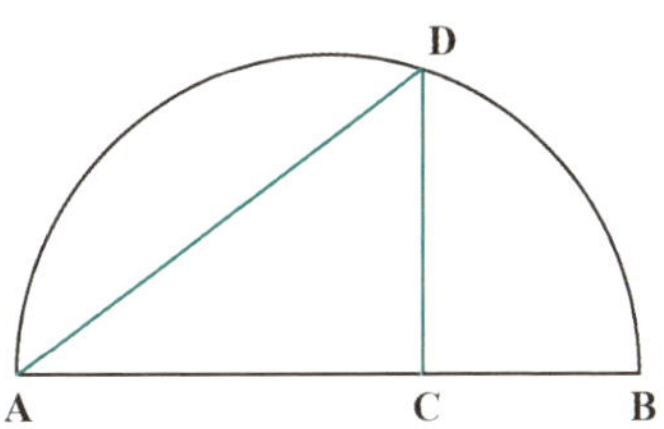


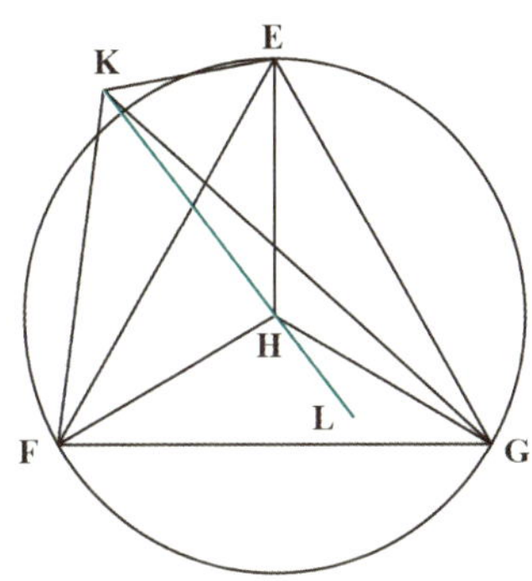


반지름의 길이가 DC가 되도록 해서 원 EFG를 그려라. 원 EFG 안에 정삼각형 EFG를 내접시켜라. [4권 법칙 2] 원의 중점 H를 잡아라. [3권 법칙 1] 선분 HE, HF, HG를 그어라. 점 H에서 원 EFG를 포함하는 평면에 수직이 되도록 선분 HK를 세워라. [11권 법칙 12] HK의 길이가 AC의 길이와 같도록 잡아라. 선분 KE, KF, KG를 그어라. KH는 원 EFG를 포함하는 평면에 수직이니, 원 EFG를 포함하는 평면에 놓여 있으면서 KH와 만나는 모든 선분은 수직으로 만난다. [11권 정의 3] 그런데 선분 HE, HF, HG가 KH와 만난다. 그러므로 KH는 세 선분 HE, HF, HG와 직각을 이룬다. AC와 HK는 길이가 같고, CD와 HE는 길이가 같으며, 이들은 직각을 끼고 있으니, 밑변 DA와 밑변 KE는 길이가 같다. [1권 법칙 4] 마찬가지 이유로 선분 KF, KG는 선분 DA와 길이가 같다. 그러므로 세 선분 KE, KF, KG는 모두 길이가 같다.

AC는 CB의 두 배이니, AB는 BC의 세 배이다. 그런데 AB와 BC의 비율은 AD로 만든 정사각형과 DC로 만든 정사각형의 넓이 비율과 같다. 이것은 나중에 증명하겠다. 그러므로 AD로 만든 정사각형은 DC로 만든 정사각형에 비해 넓이가 세 배이다. 그런데 FE로 만든 정사각형은 EH로 만든 정사각형에 비해 넓이가 세 배이다. [13권 법칙 12] 그리고 DC와 EH는 길이가 같다. 그러므로 DA와 EF는 길이가 같다. 그런데 DA는 세 선분 KE, KF, KG와 길이가 같음을 보였다. 그러므로 세 선분 EF, FG, GE도 세 선분 KE, KF, KG와 길이가 같다. 그러므로 네 개의 삼각형 EFG, KEF, KFG, KEG는 변들의 길이가 모두 같다. 그러므로 네 개의 정삼각형을 가지고 정사면체를 만들었다. 삼각형 EFG가 밑면이고, 점 K가 꼭짓점이다.

그 다음, 이 정사면체가 주어진 공에 내접하며, 공의 지름으로 만든 정사각형의 넓이는 정사면체의 한 변으로 만든 정사각형 넓이의 한 배 반임을 보여야 한다. 선분 KH를 길게 늘여서 HL을 만들고, HL의 길이가 CB의 길이와 같도록 만들어라. AC와 CD의 비율은 CD와 CB의 비율과 같다. [6권 법칙 8, 딸린 법칙] 그런데 AC와 KH는 길이가 같고, CD와 HE는 길이가 같고, CB와 HL은 길이가 같다. 그러므로 KH와 HE의 비율은 EH와 HL의 비율과 같다. 그러므로 KH, HL로 만든 직사각형은 EH로 만든 정사각형과 넓이가 같다. [6권 법칙 17] 그리고 각 KHE, EHL은 둘 다 직각이다. 그러므로 KL에다 반원을 만들어서 붙이면, 이 반원은 점 E를 지나간다. [6권 법칙 8, 3권 법칙 31] 선분 KL을 고정시킨 다음 이 반원을 한 바퀴 빙글 돌려서 원래 위치로 돌아오도록 하면, 이 반원은 점 F, G도 지나게 된다. 왜냐 하면, 선분 FL, LG를 그으면, 점 F, G에서 생기는 각들은 마찬가지 이유로 둘 다 직각이기 때문이다. 그러므로 이 정사면체는 주어진 공에 내접시킬 수 있다. 왜냐 하면, 공의 지름이 KL인데, 이것은 주어진 공의 지름 AB와 길이가 같기 때문이다. KH를 AC와 같도록 잡았고, HL을 CB와 같도록 잡았기 때문이다.

이제 공의 지름으로 만든 정사각형의 넓이가 정사면체의 한 변으로 만든 정사각형 넓이의 한 배 반임을 보이겠다. AC는 CB의 두 배이니, AB는 BC의 세 배이다. 그러므로 전자와 뺀 것과의 비례식에 따라서 BA는 AC의 한 배 반이다. 그런데 BA와 AC의 비율은 BA로 만든 정사각형과 AD로 만든 정사각형의 넓이 비율과 같다. 그러므로 BA로 만든 정사각형은 AD로 만든 정사각형에 비해 넓이가 한 배 반이다. 그런데 BA는 주어진 공의 지름이고, AD는 정사면체의 한 변이다. 그러므로 공의 지름으로 만든 정사각형의 넓이는 정사면체의 한 변으로 만든 정사각형 넓이의 한 배 반이다.

그러므로 이 법칙이 성립한다. □

해설 그림 왼쪽의 반원은, 구를 잘라서 생긴 단면의 절반을 보여 준다. 그리고 AD는 내접하고 있는 정사면체의 한 변이다.

증명은 세 단계로 나누어져 있으며, 각 단계에서 다음을 증명하고 있다.

(1) KEFG는 모든 변들의 길이가 AD와 같은 사면체이다.

(2) 지름이 AB인 구에다 KEFG를 내접시킬 수 있다.

(3) $AB^2 = \frac{3}{2} AD^2$

(1) 우리는 다음을 증명해야 한다.

(가) $KE = KF = KG = AD$

(나) $AD = EF$

(가) 우리는 다음을 알고 있다.

$$HE = HF = HG = CD$$

$$KH = AC$$

그리고 각 ACD, 각 KHE, 각 KHF, 각 KHG는 모두 직각이다.

그러므로 △ACD, △KHE, △KHF, △KHG는 모두 서로 합동이다. 그러므로

$$KE = KF = KG = AD$$

(나) AB = 3BC이고,

$$AB : BC = AB \cdot AC : AC \cdot CB$$
$$= AD^2 : CD^2$$

이니, $AD^2 = 3CD^2$

그런데 13권 법칙 12에 따라서,

$$EF^2 = 3EH^2$$

그리고 원래 작도한 것에 따라서,

$$EH = CD$$

그러므로 $AD = EF$

그러므로 EFGK는 '정사면체'이다.

(2) 유클리드가 구를 정의한 형태가 여기서 유용하게 쓰인다. (11권 정의 14 참조.) AC와 KH는 길이가 같다. KH를 길게 늘여서, HL = CB가 되도록 L을 잡아라. 그러면 KL은 AB와 길이가 같다. 그러니 KL을 지름으로 가지는 구가 정사면체에 외접해야 한다. 이것을 보이려면, KL을 지름으로 가지는 반원에 점 E, F, G가 놓임을 보이면 된다. 예를 들어 점 E의 경우,

$$AC : CD = CD : CB$$

이고, $AC = KH,\ CD = HE,\ CB = HL$

이니, $KH : HE = HE : HL$

이 성립한다. 즉 $KH \cdot HL = HE^2$

그런데 각 KHE, 각 EHL이 직각이니, 삼각형 EKL은 각 E가 직각인 직각삼각형이다. (6권 법칙 8 참조.) 그러므로 점 E는 KL을 지름으로 가지는 반원에 놓여 있다. 점 F, 점 G도 마찬가지이다.

그러므로 KL을 지름으로 가지는 반원을 KL을 축으로 해서 돌리면, 점 E, F, G를 지나게 된다.

(3) $AB = 3BC$

그러므로 $BA = \frac{3}{2}AC$

그리고 $BA : AC = BA^2 : BA \cdot AC$

$$= BA^2 : AD^2$$

그러므로 $BA^2 = \frac{3}{2} AD^2$

외접하는 원의 반지름을 $r$이라 하면,

$$\text{정사면체의 변} = \frac{2\sqrt{2}}{\sqrt{3}} r = \frac{2}{3}\sqrt{6}\, r$$

유클리드의 증명 방법을 자세히 보면, 유클리드가 작도한 방법은 주어진 구에다 정사면체를 내접시키는 것과 동등하기는 하지만, 실제로 주어진 구의 속에다 정사면체를 만들어 넣지는 않으며, 주어진 구와 같은 크기의 구가 외접하게 되는 정사면체를 작도해 놓을 뿐이다. 반면에 파푸스는 이 문제를 풀면서, 주어진 구의 속에다 실제로 원하는 입체를 작도해 넣었다. 그의 방법은, 주어진 입체의 꼭짓점들 몇 개를 포함하는 원 모양의 단면을 주어진 구에서 잡는 것이다. 그의 풀이법은 매우 흥미로우니 여기에 소개해 놓겠다. 구에 대한 몇 가지 지식이 필요한데, 그것들은 [기하학 원론]에는 포함되어 있지 않으며, 예를 들어 테오도시우스가 쓴 [Sphaerica] 등등의 책에 들어 있다.

### ◁ 파푸스의 풀이법 ▷

주어진 구의 속에다 정사면체를 내접시키기 위해서, 파푸스는 두 개의 크기가 같고 평행한 원형 단면을 잡았다. 이들은 정사면체의 마주 보는 두 변들 중 하나씩을 지름으로 가진다. 이 문제뿐만 아니라 이와 비슷한 모든 문제에서, 파푸스는 분석적인 방법과 합성적인 방법을 적용하여 독창적으로 풀었다. 이 문제의 경우, 그의 풀이법은 다음과 같다.

(가) 분석적인 방법.

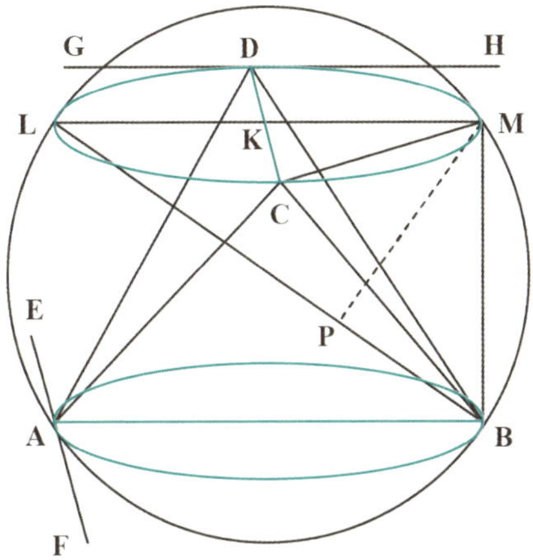


이 문제를 해결하였다고 생각하자. 원하는 정사면체의 꼭짓점들이 A, B, C, D이다. 점 A를 지나고 CD에 평행하도록 직선 EF를 그어라. 직선 EF는 AC, AD와 같은 크기의 각들을 만든다. 그리고 선분 AB도 AC, AD와 같은 크기의 각들을 만든다. 그러므로 EF와 AB는 서로 수직이다.(파푸스는 이에 관한 법칙을 갖고 있었다.) 그러므로 EF는 구면에 접한다. (EF는 삼각형 ACD의 밑면인 CD와 평행하니, 삼각형 ACD의 외접원에 접한다. 그리고 AB를 지름으로 가지는 원형 단면에도 접한다.)

마찬가지 이유로, 점 D를 지나고 AB에 평행하도록 GH를 그으면, GH는 구면에 접한다. GH, CD를 지나는 평면이 만드는 원형 단면은, AB를 지름으로 가지는 원형 단면과 크기가 같으며 평행하다. 원형 단면의 중점 K를 잡고, 그 평면에서, CD에 수직이 되도록 LM을 그어라. 그러면 LM은 AB와 평행하다. 선분 BL, BM을 그어라. 그러면 BM은 AB, LM에 수직이며, LB는 구의 지름이다. 선분 MC를 그어라.

그러면 $LM^2 = 2MC^2$

그리고 $BC = AB = LM$

따라서 $BC^2 = 2MC^2$

그리고 BM은 원 LM의 평면과 수직이니, CM과 수직이다. 따라서

$$BC^2 = BM^2 + MC^2$$

그러므로 $BM = MC$

그런데 $BC = LM$

그러므로 $LM^2 = 2BM^2$

그리고 각 LMB가 직각이니,

$$BL^2 = LM^2 + MB^2 = \frac{3}{2}LM^2$$

(나) 합성적인 방법.

주어진 구의 지름을 d라 할 때,

$$d'^2 = \frac{2}{3}d^2$$

을 만족하는 d'를 잡아라. 지름이 d'이고 서로 평행한 두 개의 원형 단면을 주어진 구에서 잡아라.

(이것은 쉽게 할 수 있다. 구의 지름 BL에서, LP = 2PB가 되도록 점 P를 잡아라. LB에 수직이 되도록 PM을 긋고, 이것이 구의 대원 LMB와 만나는 점을 M이라 하자. 그러면
$LM^2 : LB^2 = LP : LB = 2 : 3$)

MB에 수직이 되고 M, B를 지나도록 단면들을 그려라. 이 단면들에서, 지름 LM, AB를 서로 평행하도록 그어라.

마지막으로, 단면 LM에서, 중점 K를 지나고 LM에 수직이 되도록 CD를 그어라. 그러면 ABCD가 바로 원하는 정사면체이다.

## 보조 법칙

**AB와 BC의 비율이 AD로 만든 정사각형과 DC로 만든 정사각형의 넓이 비율과 같음을 보이겠다.**

증명 이 반원 그림을 그려라. 선분 DB를 그어라. 선분 AC에다 정사각형 AEFC를 만들어서 붙여라. 그리고 평행사변형 CFGB를 완성하여라. 삼각형 DAB는 삼각형 CAD와 각들의 크기가 같으니, BA와 AD의 비율은 DA와 AC의 비율과 같다. [6권 법칙 8, 6권 법칙 4] 그러므로 BA, AC로 만든 직사각형은 AD로 만든 정사각형과 넓이가 같다. [6권 법칙 17]

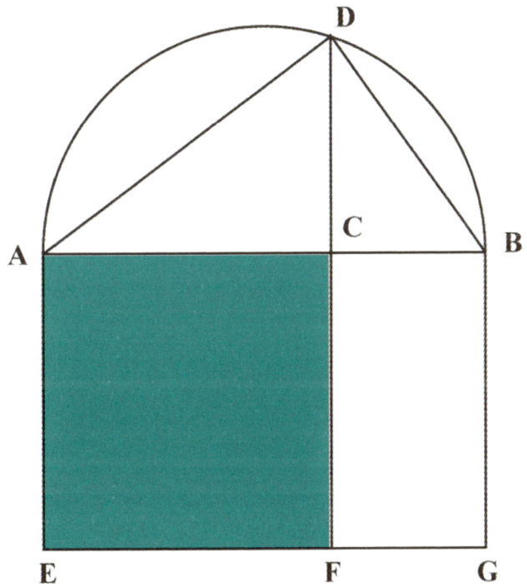


AB와 BC의 비율은 AEGB와 CFGB의 넓이 비율과 같다. [6권 법칙 1] 그리고 AEGB는 BA, AC로 만든 직사각형이다. 왜냐 하면, EA와 AC는 길이가 같기 때문이다. 그리고 CFGB는 AC, CB로 만든 직사각형이다. 그러므로 AB와 BC의 비율은 BA, AC로 만든 직사각형과 AC, CB로 만든 직사각형의 넓이 비율과 같다. BA, AC로 만든 직사각형은 AD로 만든 정사각형과 넓이가 같고, AC, CB로 만든 직사각형은 DC로 만든 정사각형과 넓이가 같다. 왜냐 하면, 각 ADB가 직각이니 DC는 밑변의 두 토막 AC, CB의 비례 중항이다. [6권 법칙 8, 딸린 법칙] 그러므로 AB와 BC의 비율은 AD로 만든 정사각형과 DC로 만든 정사각형의 넓이 비율과 같다.

그러므로 이 법칙이 성립한다. □

해설 법칙 13의 뒤에 나오는 이 보조 법칙은 후대 사람들이 덧붙여 놓은 것임이 확실하다. 유클리드는 이보다 훨씬 어려운 내용도 당연한 듯이 사용하곤 한다. 그리고 증명 방법도 아주 어설프게 되어 있다.

**법칙 14**

**주어진 공에 정팔면체를 내접시키시오. 공의 지름으로 만든 정사각형의 넓이는 정팔면체의 한 변으로 만든 정사각형 넓이의 두 배가 됨을 보이시오.**

증명 주어진 공의 지름이 AB라 하자. AB의 중점 C를 잡아라. 반원 ADB를 만들어서 AB에다 붙여라. 점 C에서 선분 AB에 수직이 되도록 선분 CD를 그어라. 선분 DB를 그어라.

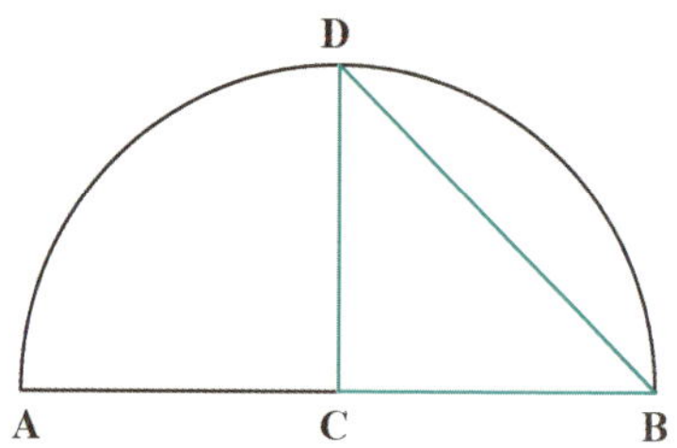


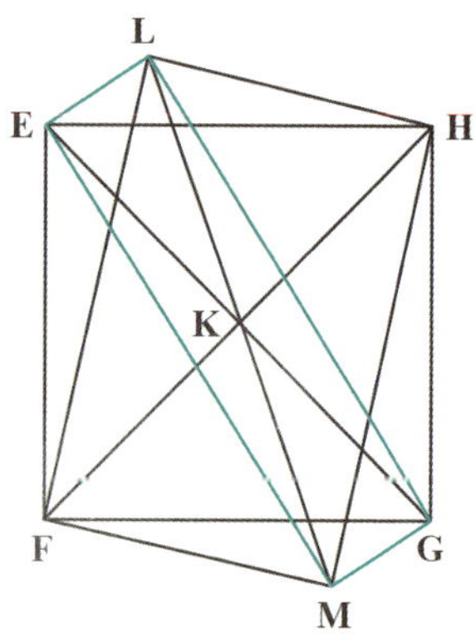


모든 변의 길이가 DB의 길이와 같도록 정사각형 EFGH를 만들

어라. 선분 HF, EG를 그어라. 이들이 만나는 점을 K라 하자. 점 K에서 정사각형 EFGH를 포함하는 평면에 수직이 되도록 선분 KL을 세워라. [11권 법칙 12] 그리고 이 선분을 평면의 반대쪽으로 내려서 선분 KM을 그어라. 이 선분들에서 KL, KM의 길이가 선분 EK, FK, GK, HK들의 길이와 같도록 잡아라. 그리고 선분 LE, LF, LG, LH, ME, MF, MG, MH를 그어라. KE와 KH는 길이가 같고, 각 EKH는 직각이니, HE로 만든 정사각형의 넓이는 EK로 만든 정사각형 넓이의 두 배이다. [1권 법칙 47] 그리고 LK와 KE는 길이가 같고, 각 LKE는 직각이니, EL로 만든 정사각형의 넓이는 EK로 만든 정사각형 넓이의 두 배이다. [1권 법칙 47]

그런데 HE로 만든 정사각형의 넓이도 EK로 만든 정사각형 넓이의 두 배임을 보였다. 그러므로 LE로 만든 정사각형과 EH로 만든 정사각형은 넓이가 같다. 그러므로 LE와 EH는 길이가 같다.

마찬가지 이유로 LH와 HE는 길이가 같다. 그러므로 삼각형 LEH는 변들의 길이가 모두 같다. 마찬가지 방법으로 사각형 EFGH의 변들을 밑변으로 하고 점 L, M을 꼭짓점으로 한 모든 삼각형들이 변들의 길이가 같은 정삼각형임을 보일 수 있다. 그러므로 여덟 개의 똑같은 정삼각형들을 면으로 가지는 정팔면체를 만들었다.

이 정팔면체를 주어진 공에 내접시킬 수 있으며, 공의 지름으로 만든 정사각형의 넓이는 이 정팔면체의 변으로 만든 정사각형 넓이의 두 배임을 보여야 한다. 세 선분 LK, KM, KE는 모두 길이가 같으니, 선분 LM에다 반원을 붙이면 그 반원은 점 E를 지난다. 마찬가지 이유로, 선분 LM을 고정시킨 다음 이 반원을 한 바퀴 돌려서 원래 위치로 돌아오도록 하면, 이 반원은 점 F, G, H를 지나게 된다. 그러므로 정팔면체는 공에 내접시킬 수 있다.

이 공이 주어진 공과 크기가 같음을 보여야 한다.

LK와 KM은 길이가 같고, KE는 공통이며, 이들은 직각을 끼고 있으니, 밑변 LE와 밑변 EM은 길이가 같다. [1권 법칙 4] 각 LEM은 직각이다. 왜냐 하면, 반원에 놓여 있기 때문이다. [3권 법칙 31] 그러므로 LM으로 만든 정사각형의 넓이는 LE로 만든 정사각형 넓이의 두 배이다. [1권 법칙 47] AC와 CB는 길이가 같으니, AB는 BC의 두 배이다. 그런데 AB와 BC의 비율은 AB로 만든 정사각형과 BD로 만든 정사각형의 넓이 비율과 같다. 그러므로 AB로 만든 정사각형의 넓이는 BD로 만든 정사각형 넓이의 두 배이다. 그런데 LM으로 만든 정사각형의 넓이는 LE로 만든 정사각형 넓이의 두 배임을 보였다. 그리고 DB로 만든 정사각형의 넓이는 LE로 만든 정사각형의 넓이와 같다. 왜냐 하면, EH는 DB와 길이가 같도록 잡았기 때문이다. 그러므로 AB로 만든 정사각형의 넓이는 LM으로 만든 정사각형의 넓이와 같다. 그러므로 AB와 LM은 길이가 같다. 그런데 AB는 주어진 공의 지름이다. 그러므로 LM은 주어진 공의 지름과 같다. 그러므로 이 정팔면체는 주어진 공에 내접시킬 수 있으며, 공의 지름으로 만든 정사각형의 넓이는 정팔면체의 변으로 만든 정사각형 넓이의 두 배임을 동시에 보였다.

그러므로 이 법칙이 성립한다. □

해설 유클리드의 그림보다 이 그림을 보면 이해하기가 쉬울 것이다.

EFGH는 변의 길이가 BD와 같은 정사각형이다. 그러므로 KE, KF, KG, KH는 모두 CB와 길이가 같다. 그리고 KL, KM도 이들과 길이가 같도록 만들었다. 그러므로 LE, LF, LG, LH, ME, MF, MG, MH는 모두 EF, BD와 길이가 같다.

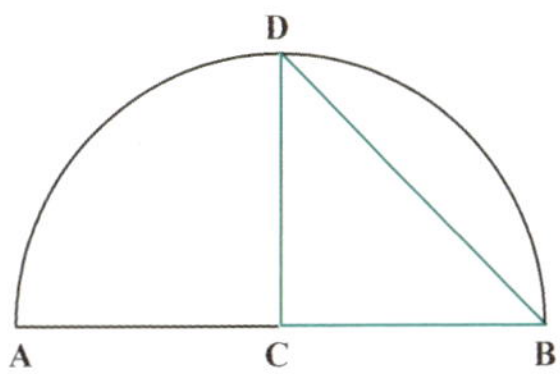


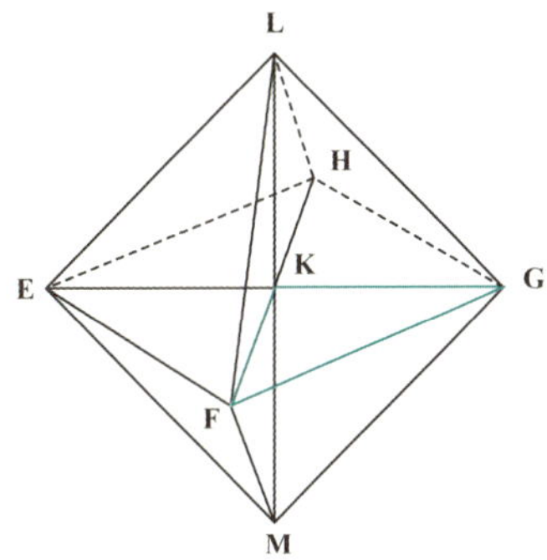


(1) 이 입체는 여덟 개의 면으로 둘러싸여 있으며, 그 면들은 모두 변들의 길이가 같은 정삼각형들이다. 그러므로 이 입체는 정팔면체이다.

(2) KE = KL = KM 이니, LM을 지름으로 하고 평면 LKE에 놓여 있는 반원은 점 E를 지난다.

마찬가지로, 점 F, G, H도 지름이 LM인 반원에 놓이게 된다. 그러므로 정팔면체의 꼭짓점들은 모두 LM을 지름으로 하는 구의 표면에 놓이게 된다.

(3) $LE = EM = BD$

그러므로 $LM^2 = 2EL^2 = 2BD^2 = AB^2$

즉 $LM = AB$

(4) $AB^2 = 2BD^2 = 2EF^2$

구의 반지름을 $r$이라 하면, 정팔면체의 변 $= \sqrt{2}\, r$

### ◁ 파푸스의 풀이법 ▷

정팔면체의 반대쪽 두 면들에 각각 외접하고, 크기가 같고 평행한 원형 단면들을 파푸스는 다음과 같이 찾았다.

(가) 분석적인 방법.

구에 내접하고 있는 정팔면체의 꼭짓점들을 A, B, C; D, E, F라 하자. ABC, DEF를 각각 지나도록 평면들을 그려서, 원형 단면 ABC, DEF를 만들어라. 선분 DA, DB, DE, DF는 모두 길이가 같으니, 점 A, B, E, F는 한 원에 놓이며, 점 D는 그 원의 극점이 된다. 그리고 AB, BF, FE, EA는 모두 길이가 같으니, ABFE는 그 원에 내접하는 정사각형이다. 따라서 AB, EF는 서로 평행하다. 마찬가지 이유로 DE와 BC는 서로 평행하며, DF와 AC는 서로 평행하다. 그러므로 D, E, F를 지나는 원과 A, B, C를 지나는 원은 서로 평행하다. 그리고 이 두 원의 속에 같은 크기의 정삼각형들이 내접하고 있으니, 이 두 원은 크기가 같다. 그러므로 원 ABC와 원 DEF는 크기가 같고 평행한 단면들이며, AB, EF는 길이가 같고 평행한 현들이며, 중점으로부터 같은 방향에 놓여 있지 않으니,

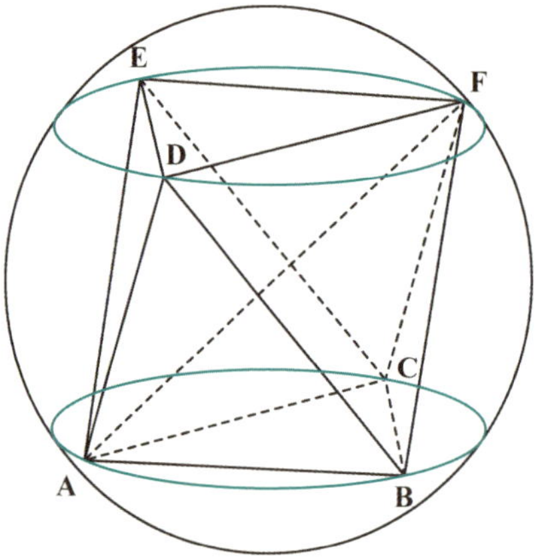


AF는 구의 지름이다.
(파푸스는 이것에 관한 법칙을 갖고 있었다.)

그리고 AE = EF이니, $AF^2 = 2EF^2$이다.

원 DEF의 지름을 d'라 하면,

$$d'^2 = \frac{4}{3}EF^2 \text{ (13권 법칙 12 참조.)}$$

그러므로 구의 지름을 d라 하면,

$$d^2 : d'^2 = 3 : 2$$

d를 주었으니, d'도 준 게 된다. 그러므로 원 DEF와 원 ABC도 준 게 된다.

(나) 합성적인 방법.

구의 지름을 d라 할 때,

$$d^2 = \frac{3}{2}d'^2$$

을 만족하는 d'를 잡고, 지름이 d'로서 크기가 같고 서로 평행한 두 개의 원형 단면을 잡아라. 어느 한 원에다 정삼각형 ABC를 내접시켜라. 다른 원 속에다 선분 EF를 긋되, EF는 AB와 길이가 같고 평행하며, 중점의 반대 방향에 놓이도록 해라. 그리고 내접하는 정삼각형 DEF를 완성하여라. 그러면 ABCDEF가 바로 원하는 정팔면체이다.

13권 법칙 13에서, 유클리드는 한 면에 외접하는 원을 먼저 찾았고, 파푸스는 한 변을 먼저 찾았다. 반면에 법칙 14에서는, 유클리드가 한 변을 먼저 찾았고, 파푸스는 한 면에 외접하는 원을 먼저 찾았다.

**법칙 15**

**주어진 공에 정육면체를 내접시키시오. 공의 지름으로 만든 정사각형의 넓이는 정육면체의 한 변으로 만든 정사각형 넓이의 세 배가 됨을 보이시오.**

증명 주어진 공의 지름이 AB라 하자. AC가 CB의 두 배가 되도록 C를 잡아라. 반원 ADB를 만들어서 AB에다 붙여라. 점 C에서 선분 AB에 수직이 되도록 선분 CD를 그어라. 선분 DB를 그어라.

모든 변의 길이가 DB의 길이와 같도록 정사각형 EFGH를 만들어라. 점 E, F, G, H에서 정사각형 EFGH를 포함하는 평면에 수직이 되도록 선분 EK, FL, GM, HN을 세워라. 그리고 선분 EK, FL, GM, HN의 길이가 선분 EF, FG, GH, HE의 길이와 같도록 잡아라. 선분 KL, LM, MN, NK를 그어라. 그러면 여섯 개의 정사각형으로 둘러싼 정육면체 EFGHKLMN이 완성되었다.

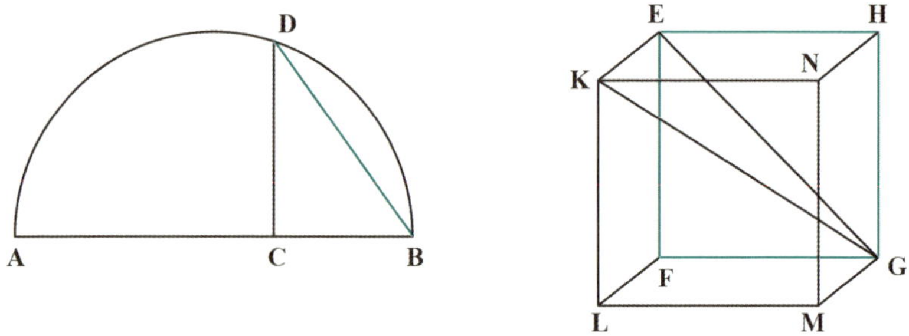


이 정육면체는 주어진 공에 내접시킬 수 있으며, 공의 지름으로 만든 정사각형의 넓이는 정육면체의 한 변으로 만든 정사각형 넓이의 세 배가 됨을 보여야 한다. 선분 KG, EG를 그어라. 그러면 각 KEG는 직각이다. 왜냐 하면, 선분 EK는 EFGH를 포함하는 평면에 수직이 되도록 세웠으니, 선분 EG와도 수직이기 때문이다. [11권 정의 3] 그러므로 반원을 만들어서 선분 KG에다 붙이면, 그 반원은 점 E를 지난다. 그리고 선분 GF는 두 선분 FL, FE와 수직으로 만나니, GF는 평면 EKLF에 수직이다. 그러므로 선분 FK를 그으면, 선분 FK와 선분 GF는 수직으로 만난다. 그러므로 반원을 만들어서 선분 GK에다 붙이면, 그 반원은 점 F를 지난다.

마찬가지 방법으로 반원이 육면체의 다른 모든 꼭짓점들을 지남을 보일 수 있다. 그러므로 선분 KG를 고정시킨 다음, 반원을 한 바퀴 돌려서 원래 위치로 돌아오도록 하면, 정육면체는 이 때 생기는 공에 내접한다.

이제 이 정육면체가 주어진 공에 내접함을 보이겠다.

GF와 FE는 길이가 같고, 각 F는 직각이니, EG로 만든 정사각형의 넓이는 EF로 만든 정사각형 넓이의 두 배이다. 그런데 EF와 EK는 길이가 같다. 그러므로 EG로 만든 정사각형의 넓이는 EK로 만든 정사각형 넓이의 두 배이다. 그러므로 GE, EK로 만든 정사각형들을 더한 것은, 즉 GK로 만든 정사각형의 넓이는 [1권 법칙 47], EK로 만든 정사각형 넓이의 세 배이다. AB는 BC의 세 배이고, AB와 BC의 비율은 AB로 만든 정사각형과 BD로 만든 정사각형의 넓이 비율과 같으니, AB로 만든 정사각형의 넓이는 BD로 만든 정사각형 넓이의 세 배이다. 그런데 GK로 만든 정사각형의 넓이도 KE로 만든 정사각형 넓이의 세 배임을 보였다. 그리고 KE는 DB와 길이가 같도록 잡았다. 그러므로 KG와 AB는 길이가 같다. 그런데 AB는 주어진 공의 지름이다. 그러므로 KG는 주어진 공의 지름과 길이가 같다. 그러므로 이 정육면체는 주어진 공에 내접하게 되며, 공의 지름으로 만든 정사각형의 넓이는 정육면체의 변으로 만든 정사각형 넓이의 세 배임을 동시에 보였다.

그러므로 이 법칙이 성립한다. □

해설 AC = 2CB가 되도록 점 C를 잡아라. AB에 수직이 되도록 CD를 그어라. 그리고 선분 BD를 그어라. 입체 KG는 한 변의 길이가 BD와 같은 정육면체이다.

(1) 이 입체를 구에 내접시킬 수 있음을 보여야 한다.

KE는 EH, EF와 수직이니, KE는 EG와 수직이다. 그러므로 각 KEG는 직각이며, 점 E는 KG를 지름으로 가지는 반원에 놓이게 된다. 다른 꼭짓점들 F, H, L, M, N에 대해서도 마찬가지 방법으로 증명할 수 있다.

(2) $$KG^2 = KE^2 + EG^2 = KE^2 + 2EF^2 = 3KE^2$$

그리고 $AB = 3BC$

한편 $AB : BC = AB^2 : AB \cdot BC = AB^2 : BD^2$

그러므로 $AB^2 = 3BD^2$

그런데 $BD = KE$

그러므로 $KG = AB$

(3) $$AB^2 = 3BD^2 = 3KE^2$$

외접하는 원의 반지름을 $r$이라 하면,

$$\text{정육면체의 변} = \frac{2}{\sqrt{3}}r = \frac{2}{3}\sqrt{3}\,r$$

### ◁ 파푸스의 풀이법 ▷

파푸스는 이 경우도 분석적인 방법과 합성적인 방법을 제시해 놓았다.

(가) 분석적인 방법.

이 문제를 해결하였다고 생각해 보자. 정육면체의 꼭짓점들을 A, B, C, D, E, F, G, H라 하자.

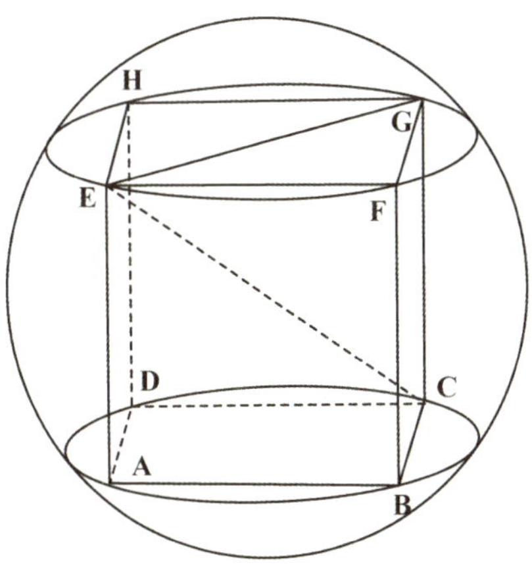


A, B, C, D를 지나도록 평면을 그리고, E, F, G, H를 지나도록 평면을 그려라. 그러면 두 개의 평행한 원형 단면이 생긴다. 이들은 크기가 같다. 왜냐 하면, 내접하는 정사각형들이 크기가 같기 때문이다. 그리고 CE는 구의 지름이 된다.

선분 EG를 그어라. 그러면

$$EG^2 = 2EH^2 = 2GC^2$$

이고, 각 CGE는 직각이니,

$$CE^2 = GC^2 + EG^2 = \frac{3}{2}EG^2$$

그런데 $CE^2$은 주어졌다. 그러므로 $EG^2$도 주어진 셈이며, 원 EFGH, 원 ABCD와 이들에 내접하는 정사각형들도 주어진 셈이다.

(나) 합성적인 방법.

주어진 구의 지름이 d라 할 때,

$$d^2 = \frac{3}{2} d'^2$$

을 만족하는 d'를 잡고, 지름이 d'로서 크기가 같고 서로 평행한 두 개의 원형 단면을 잡아라.

어느 한 원에다 정사각형 ABCD를 내접시켜라.

다른 원 속에다 BC와 길이가 같고 평행하도록 선분 FG를 그어서, FG를 한 변으로 가지는 정사각형 EFGH를 원에 내접하도록 그려라. 그러면 원하는 정육면체의 여덟 개의 꼭짓점들이 결정되었다.

**법칙 16**

**앞에서 정다면체들을 그렇게 한 것처럼, 주어진 공에 정이십면체를 내접시키시오. 정이십면체의 변의 길이는 바르지 않으며, 소선분임을 보이시오.**

증명 주어진 공의 지름이 AB라 하자. AC가 CB의 네 배가 되도록 C를 잡아라. 반원 ADB를 만들어서 AB에다 붙여라. 점 C에서 선분 AB에 수직이 되도록 선분 CD를 그어라. 선분 DB를 그어라.

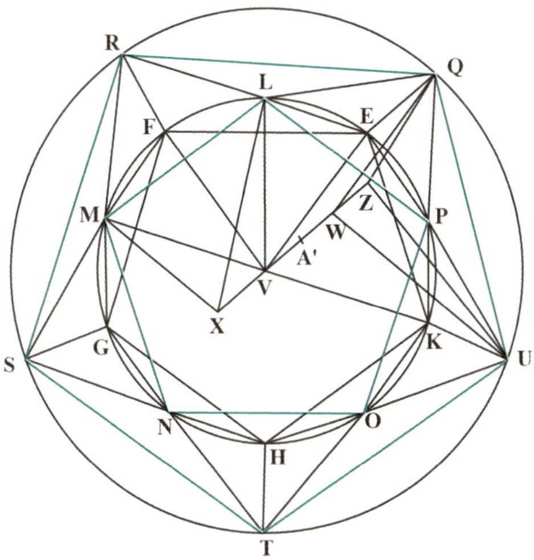


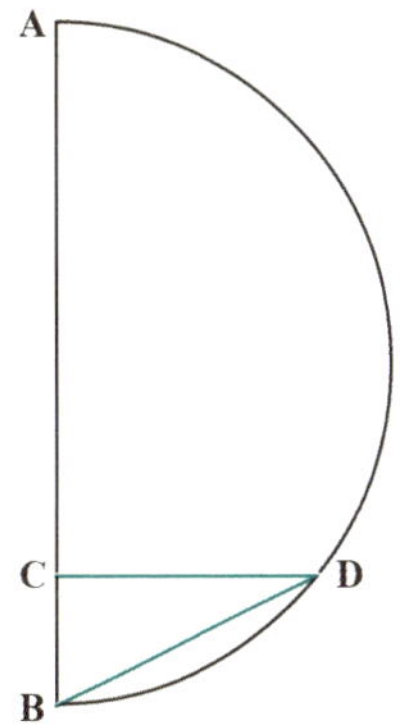


반지름의 길이가 DB와 같도록 원 EFGHK를 그려라. 원 EFGHK에다 변들의 길이가 같고 각들의 크기가 같은 정오각형 EFGHK를 내접시켜라. 호 EF, FG, GH, HK, KE를 이등분하는 점을 L, M, N, O, P라 하자. 선분 LM, MN, NO, OP, PL, EP를 그어라. 그러면 오각형 LMNOP도 정오각형이며, 선분 EP는 내접하는 정십각형의 변이다. 점 E, F, G, H, K에서 원을 포함하는 평면에 수직이 되도록 선분 EQ, FR, GS, HT, KU를 세워라. 이들의 길이가 원 EFGHK의 반지름과 같도록 잡아라. 선분 QR, RS, ST, TU, UQ, QL, LR, RM, MS, SN, NT, TO, OU, UP, PQ를 그어라.

두 선분 EQ, KU는 같은 평면에 대해서 수직이니, EQ와 KU는 평행하다. [11권 법칙 6] 이들은 또한 길이가 같다. 길이가 같고 평행한 두 선분의 양쪽 끝점을 같은 방향의 것들을 연결하는 두 선분은 길이가 같고 평행하다. [1권 법칙 33] 그러므로 QU와 EK는 길이가 같고 평행하다. 그런데 EK는 정오각형의 한 변이다. 그러므로 QU도 원 EFGHK에 내접하는 정오각형의 한 변과 길이가 같다. 마찬가지 이유로 선분 QR, RS, ST, TU는 모두 원 EFGHK에 내접하는 정오각형의 변과 길이가 같다. 그러므로 오각형 QRSTU는 변들의 길이가 모두 같다. QE는 이 원에 내접하는 정육각형의 한 변과 길이가 같고, EP는 정십각형의 한 변과 길이가 같고, 각 QEP는 직각이니, QP는 정오각형의 한 변과 길이가 같다. 왜냐 하면, 같은 원에 내접하는 정오각형의 한 변으로 만든 정사각형의 넓이는, 정육각형의 한 변으로 만든 정사각형의 넓이에다 정십각형의 한 변으로 만든 정사각형의 넓이를 더한 것과 같기 때문이다. [13권 법칙 10]

마찬가지 이유로 PU도 정오각형의 한 변과 길이가 같다. 그런데 QU는 정오각형의 한 변이다. 그러므로 삼각형 QPU는 변들의 길이가 같다. 마찬가지 이유로 삼각형 QLR, RMS, SNT, TOU도 변들의 길이가 모두 같다. 그리고 두 선분 QL, QP는 정오각형의 변들과 길이가 같음을 보였고, LP는 정오각형의 한 변이니, 삼각형 QLP는 변들의 길이가 같다. 마찬가지 이유로 삼각형 LRM, MSN, NTO, OUP도 변들의 길이가 모두 같다. 원 EFGHK의 중점 V를 잡아라. 점 V에서 이 원을 포함하는 평면에 수직이 되도록 선분 VZ를 세워라. 그리고 이 선분을 반대쪽으로 내려서 VX를 그어라. 선분 VZ에서 정육각형의 변의 길이와 같도록 VW를 잡고, 정십각형의 변의 길이와 같도록 VX, WZ를 잡아라. 그리고 선분 QZ, QW, UZ, EV, LV, LX, XM을 그어라. 두 선분 VW, QE는 원을 포함하는 평면에 수직이 되니, VW와 QE는 평행하다. [11권 법칙 6] 그런데 이들은 길이가 같다. 그러므로 EV, QW도 길이가 같으며 평행하다. [1권 법칙 33] 그런데 EV는 정육각형의 변의 길이와 같다. 그러므로 QW도 정육각형의 변의 길이와 같다. 그리고 QW가 정육각형의 변의 길이와 같고, WZ는 정십각형의 변의 길이와 같고, 각 QWZ는 직각이니, QZ는 정오각형의 변의 길이와 같다. [13권 법칙 10] 마찬가지 이유로 UZ도 정오각형의 변과 길이가 같다. 왜냐 하면, 선분 VK, WU를 그으면, 이 두 선분은 평행하고 길이가 같으며, VK는 반지름이니 정육각형의 변과 길이가 같다. [4권 법칙 15, 딸린 법칙] 그러므로 WU도 정육각형의 변과 길이가 같다. 그런데 WZ는 정십각형의 변과 길이가 같으며, 각 UWZ는 직각이니, UZ는 정오각형의 변과 길이가 같다. [13권 법칙 10]

그런데 QU도 정오각형의 변과 길이가 같다. 그러므로 삼각형 QUZ는 변들의 길이가 같다. 마찬가지 이유로 선분 QR, RS, ST, TU가 밑변이고 점 Z가 꼭짓점인 모든 삼각형들은 변들의 길이가 모두 같다. 그리고 VL은 정육각형의 변과 길이가 같고, VX는 정십각형의 변과 길이가 같고, 각 LVX가 직각이니, LX는 정오각형의 변과 길이가 같다. [13권 법칙 10] 마찬가지 이유로 선분 MV를 그으면 정육각형의 변과 길이가 같으니, MX도 정오각형의 변과 길이가 같음을 알 수 있다. 그런데 LM도 정오각형의 변과 길이가 같다. 그러므로 삼각형 LMX는 변들의 길이가 같다.

마찬가지 방법으로 선분 MN, NO, OP, PL이 밑변이고 점 X가 꼭짓점인 모든 삼각형들은 변들의 길이가 모두 같음을 보일 수 있다. 그러므로 스무 개의 정삼각형들로 둘러싸인 정이십면체를 만들었다.

이 정이십면체는 주어진 공에 내접시킬 수 있으며, 변의 길이는 바르지 않으며 소선분임을 보여야 한다. VW는 정육각형의 변의 길이와 같고, WZ는 정십각형의 변의 길이와 같으니, 점 W는 선분 VZ를 평균과 작은 것의 비율로 자른다. [13권 법칙 9] 그리고 VW가 긴 토막이니, ZV와 VW의 비율은 VW와 WZ의 비율과 같다. 그런데 VW와 VE는 길이가 같고, WZ와 VX는 길이가 같으니, ZV와 VE의 비율은 EV와 VX의 비율과 같다.

그리고 각 ZVE, EVX는 둘 다 직각이니, 선분 EZ를 그으면, 삼각형 XEZ와 삼각형 EVZ가 닮은꼴이니 각 XEZ는 직각이다.

마찬가지 이유로 ZV와 VW의 비율은 VW와 WZ의 비율과 같고, ZV와 XW는 길이가 같고, VW와 WQ는 길이가 같으니, XW와 WQ의 비율은 QW와 WZ의 비율과 같다.

마찬가지 이유로 선분 QX를 그으면 각 Q가 직각이 되니 [6권 법칙 8], 선분 XZ에다 반원을 그려 붙이면 점 Q를 지난다. [3권 법칙 31] 그러니 선분 XZ를 고정시킨 다음 반원을 한 바퀴 돌려서 원래 위치로 돌아오도록 하면, 반원은 점 Q와 정이십면체의 모든 꼭짓점들을 지난다. 그러니 정이십면체는 공에 내접한다.

이제 이 정이십면체가 주어진 공에 내접함을 보이겠다. VW의 중점 A'를 잡아라. 점 W는 선분 VZ를 평균과 작은 것의 비율로 자르고, ZW가 짧은 토막이니, ZW를 긴 토막의 절반, 즉 WA'에다 더한 다음 정사각형을 만들면, 그것의 넓이는 긴 토막의 절반으로 만든 정사각형 넓이의 다섯 배가 된다. [13권 법칙 3] 그러므로 ZA'로 만든 정사각형의 넓이는 A'W로 만든 정사각형 넓이의 다섯 배이다. ZX는 ZA'의 두 배이고, VW는 A'W의 두 배이니, ZX로 만든 정사각형의 넓이는 VW로 만든 정사각형 넓이의 다섯 배이다. 그리고 AC는 CB의 네 배이니, AB는 BC의 다섯 배이다. 그런데 AB와 BC의 비율은 AB로 만든 정사각형과 BD로 만든 정사각형의 넓이 비율과 같다. [6권 법칙 8, 5권 정의 9] 그러므로 AB로 만든 정사각형의 넓이는 BD로 만든 정사각형 넓이의 다섯 배이다.

그런데 ZX로 만든 정사각형의 넓이는 VW로 만든 정사각형 넓이의 다섯 배임을 보였다. 그리고 DB와 VW는 길이가 같다. 왜냐하면, 이들은 원 EFGHK의 반지름과 길이가 같기 때문이다. 그러므로 AB와 XZ는 길이가 같다.

그런데 AB는 주어진 원의 지름이다. 그러므로 XZ도 주어진 원의 지름과 길이가 같다. 그러므로 이 정이십면체는 주어진 원에 내접하게 된다.

이제 정이십면체의 변의 길이가 바르지 않으며, 소선분임을 보이겠다. 공의 지름은 길이가 바르고, 그것으로 만든 정사각형의 넓이는 원 EFGHK의 반지름으로 만든 정사각형 넓이의 다섯 배이니, 원 EFGHK의 반지름도 길이가 바르다. 반지름의 길이가 바른 원에 정오각형을 내접시키면, 정오각형의 변은 길이가 바르지 않으며 소선분이다. [13권 법칙 11] 그런데 정오각형 EFGHK의 변이 바로 정이십면체의 변이다. 그러므로 정이십면체의 변의 길이는 바르지 않으며 소선분이다.

그러므로 이 법칙이 성립한다. □

해설 유클리드의 증명 방법은 다음과 같다.

(1) 두 개의 평행한 원형 단면을 구에서 잡아서, 거기에 내접하는 정오각형들을 그려서, 그 정오각형들의 변들이 정이십면체의 열 개의 (각각의 원에 다섯 개씩) 변(모서리)이 되도록 한다.

(2) 두 개의 원형 단면의 극점이 되는 두 점을 찾는다.

(3) 두 개의 정오각형의 꼭짓점들을, 다른 정오각형의 꼭짓점들 중 가까이 있는 두 개의 꼭짓점들과 선분으로 연결하면, 이때 생기는 삼각형들은 모두 정삼각형들이다.

(4) 극점들을 꼭짓점으로 하고 정오각형의 변들을 밑변으로 하는 삼각형들도 모두 정삼각형들이다.

(5) 두 극점을 잇는 선분을 지름으로 가지는 구의 표면에, 이 모든 꼭짓점들이 놓이게 된다.

(6) 이 구는 주어진 구와 같은 크기이다.

(7) 구의 지름이 길이가 바르면, 정이십면체의 변은 길이가 바르지 않으며, '소선분'이다.

나는 여기에 그림을 달리 그려 놓았다. 유클리드의 그림에 비해서, 이 그림이 오각형들과 극점들의 위치를 좀더 명확하게 보여 준다.

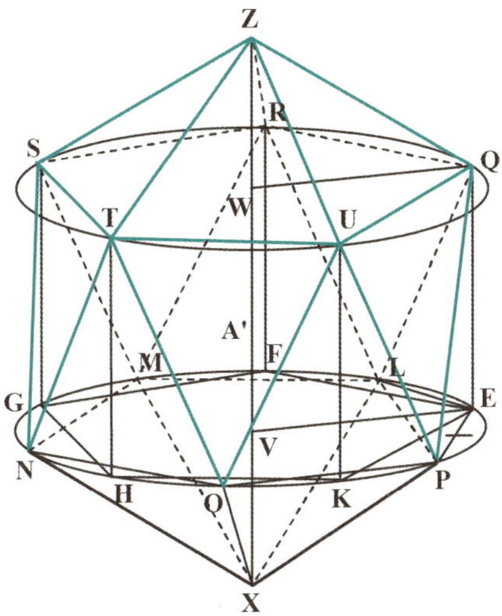


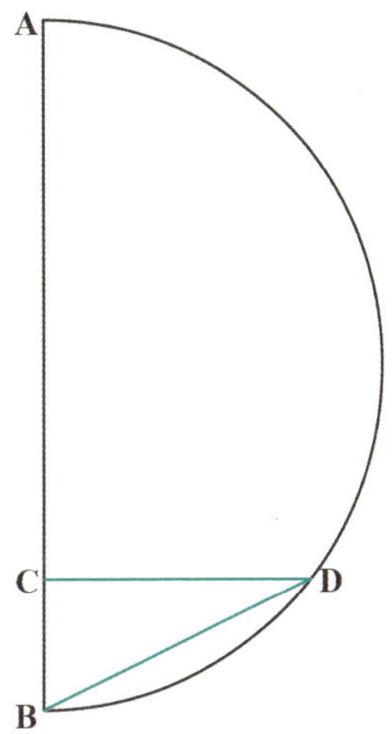


(1) 주어진 구의 지름을 AB라 하자.

$$AC = 4CB$$

가 되도록, 점 C를 선분 AB에서 잡아라. AB에 수직이 되도록 선분 CD를 긋고, AB를 지름으로 가지는 반원과 이 선분이 만나는 점을 D라 하자.

선분 BD를 그어라.

BD가 바로 정오각형을 담고 있는 원형 단면의 반지름이다.

(주어진 구의 반지름을 $r$이라 하자.

$$AB : BC = AB^2 : AB \cdot BC$$

$$= AB^2 : BD^2$$

그리고 $AB = 5BC$

그러므로 $AB^2 = 5BD^2$

즉 $(\text{단면의 반지름})^2 = \frac{4}{5}r^2$

그러므로 13권 법칙 10 해설에 따라서,

$$(\text{오각형의 변})^2 = \frac{r^2}{5}(10 - 2\sqrt{5})\ )$$

반지름이 BD와 같은 원에다 정오각형 EFGHK를 내접시켜라.

호 EF, FG, GH, HK, KE를 이등분하여서, 이 원에 내접하는 정십각형의 꼭짓점들을 잡아라. 이렇게 이등분한 점들을 선분으로 이으면, 새로운 정오각형 LMNOP를 얻게 된다. LMNOP는 정이십면체의 변들 다섯 개를 포함하고 있는 정오각형이다.

또 다른 원과 그에 내접하고 있는 정오각형을 얻기 위해서, E, F, G, H, K로부터 원을 포함하는 평면에 수직이 되도록 선분 EQ, FR, GS, HT, KU를 그어라. 이 수직선들의 길이는 원의 반지름과 같도록 해라. 유클리드의 표현을 빌리면, 원에 내접하는 정육각형의 변의 길이와 같도록 해라. 그러면 QRSTU가 정이십면체의 변들 다섯 개를 포함하고 있는 두 번째 정오각형이다. 이것은 물론 정오각형 LMNOP와 크기가 같다.

이 두 정오각형의 꼭짓점들 각각을, 다른 정오각형의 꼭짓점들 중 가까이 있는 두 개의 꼭짓점들과 선분으로 연결해라. 그러면 열 개의 삼각형들이 생긴다. 이 삼각형들은 모두, 한 변은 정오각형의 변이며, 나머지 두 변은 정오각형의 꼭짓점들을 잇는 선분들이다.

두 원의 중점 V, W를 잡아라. 그러면 VW는 두 원의 평면들에 수직이다.

(2) VW를 양쪽으로 길게 늘여서, 원에 내접하는 정십각형의 변(즉 EL)과 길이가 같도록 VX, WZ를 잡아라.

점 X, Z와 그에 가까운 정오각형의 꼭짓점들을 선분으로 연결해라. 그러면 다섯 개, 다섯 개, 모두 열 개의 삼각형들이 생긴다. 이 삼각형들은 모두 정오각형의 한 변을 밑변으로 가지며, X 또는 Z를 꼭짓점으로 가진다.

이제 증명을 해야 한다.

(3) 원 EFGHK의 평면에 수직이면서 서로 이웃한 두 선분 EQ, KU를 잡으면, 이들은 길이가 같을 뿐만 아니라 서로 평행하다. 그러므로 QU, EK는 길이가 같고 서로 평행하다.

QR, EF도 마찬가지이다. 등등.

그러므로 정오각형들은 변들의 길이가 서로 같다.

삼각형 QPL을 비롯한 삼각형들이 정삼각형임을 보여야 한다.

$$\begin{aligned} QL^2 &= LE^2 + EQ^2 \\ &= (\text{정십각형의 변})^2 + (\text{정육각형의 변})^2 \\ &= (\text{정오각형의 변})^2 [\text{13권 법칙 10}] \end{aligned}$$

즉 $QL = \text{정오각형의 변} = LP$

마찬가지로 $QP = LP$

그러므로 삼각형 QPL은 정삼각형이다.

두 정오각형 사이의 나머지 삼각형들도 모두 마찬가지이다.

(4) VW, EQ는 길이가 같고 평행하니, VE, WQ는 길이가 같고 평행하다. 그러므로 WQ는 원에 내접하는 정육각형의 변과 길이가 같다. 각 ZWQ는 직각이다. 그러므로

$$ZQ^2 = ZW^2 + WQ^2$$

= (정십각형의 변)$^2$ + (정육각형의 변)$^2$

= (정오각형의 변)$^2$ [13권 법칙 10]

그러므로 ZQ, ZR, ZS, ZT, ZU는 모두 QR, RS, … 와 길이가 같다. 그러므로 꼭짓점이 Z이고 밑변이 QR, RS, … 인 삼각형들은 모두 정삼각형이다. 마찬가지로, 꼭짓점이 X이고 밑변이 LM, MN, … 인 삼각형들도 모두 정삼각형이다. 그러므로 이 입체는 스무 개의 같은 크기의 정삼각형들로 둘러싸여 있는 정이십면체이다.

(5) XZ를 지름으로 가지는 구의 표면에 정이십면체의 모든 꼭짓점들이 놓임을 보여야 한다. VW는 정육각형의 변의 길이와 같고, WZ는 같은 원에 내접하는 정십각형의 변의 길이와 같다. 따라서 W는 선분 VZ를 평균과 작은 것의 비율로 쪼갠다. [13권 법칙 9] 그러므로

ZV : VW = VW : WZ

그런데　　VW = VE, WZ = VX

이니,　　ZV : VE = VE : VX

그러므로 점 E는 XZ를 지름으로 가지는 반원에 놓인다. [6권 법칙 8] 정이십면체의 나머지 꼭짓점들도 다 마찬가지이다.

그러므로 XZ를 지름으로 가지는 구의 속에 이 입체가 내접하게 된다.

(6) XZ = AB임을 보여야 한다.

VZ를 평균과 작은 것의 비율로 쪼개는 점이 W이니, VW의 중점 A'를 잡으면,

$$A'Z^2 = 5A'W^2$$ [13권 법칙 3]

A'Z, A'W의 두 배를 잡아라. 그러면

$$XZ^2 = 5VW^2$$
$$= 5BD^2$$
$$= AB^2$$ 앞의 (1)에 따라서

그러므로 $XZ = AB$

(구의 반지름을 $r$이라 하면,

$$VW = BD = \frac{2}{\sqrt{5}}r$$

$VX$ = 반지름이 BD인 원에 내접하는 정십각형의 변

$$= \frac{BD}{2}(\sqrt{5}-1)$$ [13권 법칙 9 해설]

$$= \frac{r}{\sqrt{5}}(\sqrt{5}-1)$$

따라서 $XZ = VW + 2VX = \frac{2}{\sqrt{5}}r + \frac{2}{\sqrt{5}}r(\sqrt{5}-1)$

$$= 2r\ )$$

(7) 원 EFGHK의 반지름은 $\frac{2}{\sqrt{5}}r$ 이고, 이것은 유클리드의 정의에 따르면 바르다. 그러므로 내접하는 정오각형의 변은 길이가 바르지 않으며, '소선분'이다. [13권 법칙 11] 정오각형의 변이 바로 정이십면체의 변(모서리)이다. 이것의 길이는(13권 법칙 10 해설 참조)

$$\frac{BD}{2}\sqrt{10-2\sqrt{5}} = \frac{r}{\sqrt{5}}\sqrt{10-2\sqrt{5}}$$

$$= \frac{r}{5}\sqrt{10(5-\sqrt{5})}$$

◁ 파푸스의 풀이법 ▷

파푸스는 상당히 다른 방법으로 풀어 놓았다. 유클리드는 정오각형에 외접하는 두 개의 원형 단면을 사용하였지만, 파푸스는 정이십면체의 꼭짓점 세 개씩을 지나는 네 개의 원형 단면을 사용하였다. 이들 중 두 개는 조그마한 원이며, 반대쪽에 있는 삼각형 면들에 외접하고 있다. 두 개는 큰 원이며, 작은 원들 사이에 있다. 이들은 모두 서로 평행하며, 작은 원들은 서로 크기가 같고, 큰 원들도 서로 크기가 같다.

(가) 분석적인 방법.

이 문제가 해결되었다고 생각하자. 정이십면체의 꼭짓점들을 A, B, C; D, E, F; G, H, K; L, M, N으로 나타내자.

B로부터 그은 선분 BA, BC, BF, BG, BE는 모두 길이가 같고, A, C, F, G, E는 모두 구의 표면에 놓여 있으니, A, C, F, G, E는 모두 한 평면에 놓여 있다.

그리고 AC, CF, FG, GE, EA는 길이가 같다. 그러므로 ACFGE는 정오각형이다. 마찬가지로 KEBCD, DHFBA, AKLGB, AKNHC, CHMGB도 모두 정오각형이다. 선분 EF, KH를 그어라.

이제 AC는 EF와 평행하고(오각형 ACFGE에서), AC는 KH와 평행하다.(오각형 AKNHC에서) 그러므로 EF와 KH도 서로 평행하다. 그리고 KH는 LM과 평행하다.(오각형 LKDHM에서) 마찬가지로 BC, ED, GH, LN도 모두 서로 평행하고, BA, FD, GK, MN도 모두 서로 평행하다. BC와 LN은 길이가 같고 평행하며, BA와 MN도 길이가 같고 평행하니, 원 ABC와 원 LMN은 크기가 같고 평행하다. 마찬가지로 원 DEF와 원 KGH도 크기가 같고 평행하다. 왜냐 하면, 이들에 내접하는 삼각형들이 크기가 같고(삼각형들의 변들은 모두, 크기가 같은 정오각형들에서 각을 대하는 현이다), 변들이 서로 평행하기 때문이다.

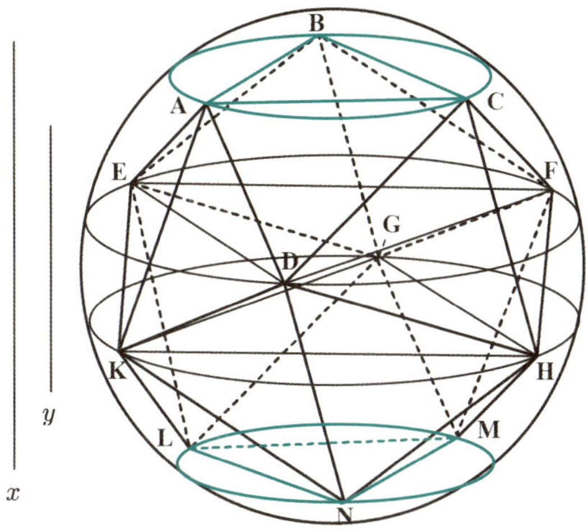


이제 원 DEF와 원 KGH는 크기가 같고 평행한데, 거기서 현 EF와 현 KH는 길이가 같고 평행하며, 중점의 반대 방향에 놓여 있다. 그러므로 FK는 구의 지름이며(파푸스의 법칙에 따라서), 각 FEK는 직각이다. (파푸스의 법칙에 따라서)

(그림이 너무 복잡하기 때문에 지름 FK는 그어 놓지 않았다.)

오각형 GEACF에서, EF를 평균과 작은 것의 비율로 자르면, 긴 토막은 AC와 길이가 같아진다. [13권 법칙 8] 그러므로

EF : AC = 정육각형의 변 : 정십각형의 변 [13권 법칙 9]

그리고

$$EF^2 + AC^2 = EF^2 + EK^2 = d^2$$

여기서 d는 구의 지름이다. 그러므로 FK, EF, AC는 한 원에 내접하는 정오각형, 정육각형, 정십각형의 변들의 비율과 같다. [13권 법칙 10] 그런데 구의 지름 FK는 주어졌다. 그러므로 EF, AC도 주어졌다. 그러므로 원 EFD, 원 ACB의 반지름들도 주어졌다. (이들의 반지름을 각각 $r$, $r'$ 이라 하면, $r^2 = \frac{1}{3}\mathrm{EF}^2$, $r'^2 = \frac{1}{3}\mathrm{AC}^2$)

그러므로 원들이 주어졌으며, 이들과 각각 크기가 같고 평행한 원 KHG, 원 LMN도 주어진 셈이다.

(나) 합성적인 방법.

구의 지름을 d라 하자. 두 선분 $x$, $y$를 찾되, d, $x$, $y$의 길이 비율이 같은 원에 내접하는 정오각형, 정육각형, 정십각형의 변들의 길이 비율과 같게 되도록 해라.

(1) $r^2 = \frac{1}{3}x^2$이 되도록 $r$을 잡고, 반지름이 $r$이고 서로 평행한 두 개의 원형 단면 DEF, KGH를 그려라.

(2) $r'^2 = \frac{1}{3}y^2$이 되도록 $r'$을 잡고, 반지름이 $r'$이고 서로 평행한 두 개의 원형 단면 ABC, LMN을 그려라.

(1)에서 그린 원들 속에, 내접하는 정삼각형들의 변들이 되도록 EF, KH를 긋되, 이들은 서로 평행하고, 중점을 기준으로 서로 반대쪽에 놓이도록 해라. 그리고 (2)에서 그린 원들 속에, 내접하는 정삼각형들의 변들이 되도록 AC, LM을 긋되, 이들은 서로 평행하고, 또한 EF, KH와도 평행하며, AC와 EF는 중점을 기준으로 서로 반대쪽에 놓여 있고, KH와 LM은 중점을 기준으로 서로 반대

쪽에 놓여 있도록 해라. 도형을 완성하여라.

이렇게 작도하면 옳게 됨은, 분석적인 방법에서와 마찬가지로 증명한다.

그리고 파푸스에 따르면,

$$(\text{구의 지름})^2 = 3(\text{DEF에 내접하는 정오각형의 변})^2$$

이 성립한다. 왜냐 하면, 원 DEF에 내접하는 정오각형, 정육각형의 변들을 각각 $p$, $h$라 하면, 작도한 것에 따라서,

$$\text{KF} : \text{FE} = p : h$$

그리고 FE와 $h$의 비율은 같은 원에 내접하는 정삼각형의 변과 정육각형의 변의 길이 비율과 같다. 즉

$$\text{FE} : h = \sqrt{3} : 1$$

그러므로 $$\text{KF} : p = \sqrt{3} : 1$$

즉 $$\text{KF}^2 = 3p^2$$

### ◁ 또 다른 작도 방법 ▷

테일러는 변의 길이가 $a$인 정이십면체를 산뜻하게 작도하였다.

변의 길이가 $a$인 정오각형의 대각선(즉 이웃하지 않은 두 꼭짓점을 잇는 선분)의 길이를 $l$이라 하자. 그러면

$$l^2 = la + a^2$$

이 성립한다. (13권 법칙 8 그림 참조.) 변(모서리)의 길이가 $l$인 정육면체를 만들어라. 그 정육면체의 중점을 O라 하자.

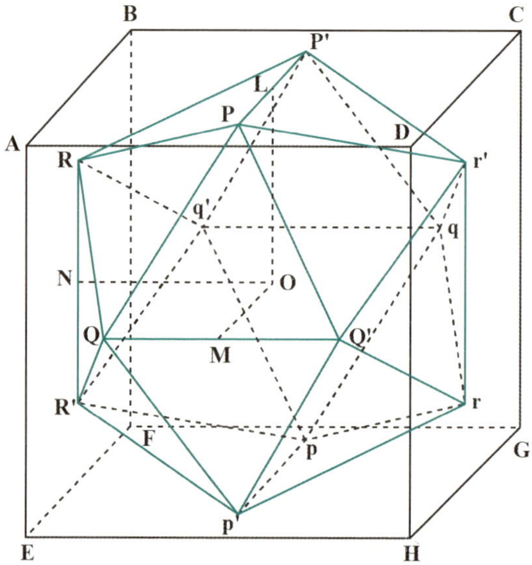


세 개의 인접한 면들에 각각 수직이 되도록, 중점 O로부터 OL, OM, ON을 그어라. 그리고 이 평면들에서, AB, AD, AE에 각각 평행하도록 PP', QQ', RR'를 그어라. LP, LP', MQ, MQ', NR, NR'이 모두 길이가 $\frac{1}{2}a$ 가 되도록 해라. 그리고 O를 기준으로, P, P', Q, Q', R, R'의 정반대 위치에 있는 점들을 각각 p, p', q, q', r, r'이라 하자. 그러면 P, P', Q, Q', R, R', p, p', q, q', r, r'이 정이십면체의 꼭짓점들이 된다.

선분 PQ를 AB, AD, AE에다 각각 사영(projection)하면, 그 길이는 각각 $\frac{1}{2}(l-a)$, $\frac{1}{2}a$, $\frac{1}{2}l$ 이 된다. 그러므로

$$PQ^2 = \frac{1}{4}(l-a)^2 + \frac{1}{4}a^2 + \frac{1}{4}l^2$$

$$= \frac{1}{2}(l^2 - al + a^2)$$

$$= a^2$$

그러므로 $\mathrm{PQ} = a$

마찬가지 방법으로, 다른 모서리들도 모두 길이가 $a$ 임을 보일 수 있다. 모든 꼭짓점들은 OP를 반지름으로 하는 구의 표면에 놓인다. 그리고

$$\mathrm{OP}^2 = \frac{1}{4}(a^2 + l^2)$$

모든 오면각들은 크기가 같은 다섯 개의 평면각들로 구성되어 있으며, 평면각들은 모두 정삼각형의 각이다. 그러므로 이 이십면체는 각들의 크기가 모두 같으며, 정이십면체이다.

방정식 $l^2 = la + a^2$ 으로부터,

$$l = \frac{a}{2}(\sqrt{5} + 1)$$

식 $a^2 + l^2 = 4\mathrm{OP}^2$이 성립하는데, 반지름 OP를 $r$ 이라고 놓으면,

$$a^2\left(1 + \frac{(\sqrt{5}+1)^2}{4}\right) = 4r^2$$

따라서
$$a = \frac{4r}{\sqrt{10 + 2\sqrt{5}}}$$

$$= \frac{4r\sqrt{10 - 2\sqrt{5}}}{\sqrt{80}}$$

$$= \frac{r}{\sqrt{5}}\sqrt{10 - 2\sqrt{5}}$$

$$= \frac{r}{5}\sqrt{10(5 - \sqrt{5})}$$

**딸린 법칙**

공의 지름으로 만든 정사각형의 넓이는 정이십면체를 만들기 위해서 그린 원의 반지름으로 만든 정사각형 넓이의 다섯 배이다. 그리고 공의 지름은 이 원에 내접하는 정육각형의 한 변과 정십각형의 두 변을 더한 것과 길이가 같다.

**법칙 17**

앞에서 정다면체들을 그렇게 한 것처럼, 주어진 공에 정십이면체를 내접시키시오. 정십이면체의 변의 길이는 바르지 않으며, 뺀 선분임을 보이시오.

증명 정육면체에서 서로 수직인 두 정사각형 ABCD, CBEF를 그려라. 변 AB, BC, CD, DA, EF, EB, FC를 이등분하는 점 G, H, K, L, M, N, O를 잡아라. 선분 GK, HL, MH, NO를 그어라. 선분 NP, PO, HQ를 평균과 작은 것의 비율로 잘라라. 이렇게 자르는 점들을 R, S, T라 하고, 긴 토막이 RP, PS, TQ라 하자. 점 R, S, T에서 정육면체의 면들에 수직이 되도록 선분 RU, SV, TW를 정육면체의 바깥으로 그어라. 이들의 길이가 RP, PS, TQ의 길이와 같도록 잡아라. 선분 UB, BW, WC, CV, VU를 그어라.

그러면 오각형 UBWCV는 변들의 길이가 같고, 한 평면에 놓이며, 각들의 크기가 같음을 보이겠다. 선분 RB, SB, VB를 그어라. 점 R은 선분 NP를 평균과 작은 것의 비율로 자르고, RP가 긴 토막이니, PN, NR로 만든 정사각형들을 더한 것은 RP로 만든 정사각형에 비해 넓이가 세 배이다. [13권 법칙 4] 그런데 PN과 NB는

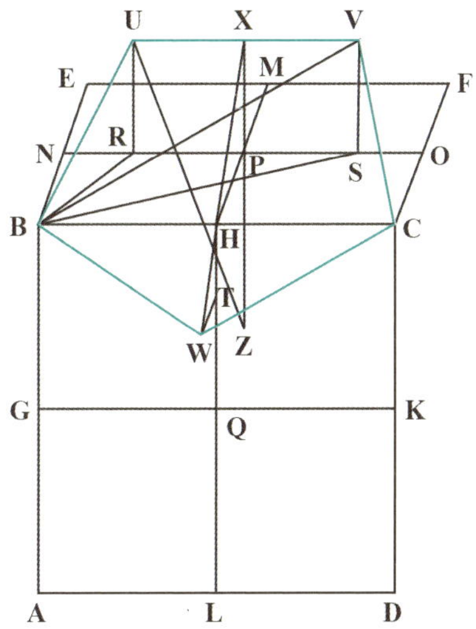


길이가 같고, PR과 RU는 길이가 같다. 그러므로 BN, NR로 만든 정사각형들을 더한 것은 RU로 만든 정사각형에 비해 넓이가 세 배이다. 그런데 BR로 만든 정사각형은 BN, NR로 만든 정사각형들을 더한 것과 넓이가 같다. [1권 법칙 47] 그러므로 BR로 만든 정사각형은 RU로 만든 정사각형에 비해 넓이가 세 배이다. 그러므로 BR, RU로 만든 정사각형들을 더한 것은 RU로 만든 정사각형에 비해 넓이가 네 배이다. 그런데 BU로 만든 정사각형은 BR, RU로 만든 정사각형들을 더한 것과 넓이가 같다. 그러므로 BU로 만든 정사각형은 RU로 만든 정사각형에 비해 넓이가 네 배이다. 그러므로 BU의 길이는 RU의 두 배이다. 그런데 VU의 길이도 RU의 두 배이다. 왜냐 하면, SR이 PR의 두 배, 즉 RU의 두 배이기 때문이다. 그러므로 BU와 UV는 길이가 같다.

마찬가지 방법으로 선분 BW, WC, CV는 모두 선분 BU, UV와 길이가 같음을 보일 수 있다. 그러므로 오각형 BUVCW는 변들의 길이가 같다.

이제 이 오각형이 한 평면에 놓임을 보이겠다. 점 P에서 선분 RU, SV에 평행하도록 선분 PX를 정육면체의 바깥으로 그어라.

선분 XH, HW를 그어라. 그러면 XHW는 선분임을 보이겠다. 점 T는 선분 HQ를 평균과 작은 것의 비율로 자르고, QT가 긴 토막이니, HQ와 QT의 비율은 QT와 TH의 비율과 같다. 그런데 HQ는 HP와 길이가 같고, QT는 두 선분 TW, PX와 각각 길이가 같다. 그러므로 HP와 PX의 비율은 WT와 TH의 비율과 같다. 그리고 HP와 TW는 평행하다. 왜냐 하면, 이들은 둘 다 BADC 평면에 수직이기 때문이다. [11권 법칙 6] 그리고 TH와 PX는 평행하다. 왜냐 하면, 이들은 둘 다 BCFE 평면에 수직이기 때문이다. [11권 법칙 6] 그런데 두 삼각형 XPH, HTW는 두 변들의 길이가 비례하는데, 이들을 같이 붙여 놓아서 대응하는 변들이 서로 평행하게 놓여 있으니, 나머지 변들은 한 선분에 놓이게 된다. [6권 법칙 32] 그러므로 XH와 HW는 한 선분에 놓인다. 그런데 한 선분은 한 평면에 놓인다. [11권 법칙 1] 그러므로 오각형 UBWCV는 한 평면에 놓인다.

이제 이 오각형이 각들의 크기가 같음을 보이겠다. 점 R은 선분 NP를 평균과 작은 것의 비율로 자르고, PR이 긴 토막이고, PR과 PS는 길이가 같으니, 점 P는 선분 NS를 평균과 작은 것의 비율로 자르며 NP가 긴 토막이다. [13권 법칙 5] 그러므로 NS, SP로 만든 정사각형들을 더한 것은 NP로 만든 정사각형에 비해서 넓이가 세 배이다. [13권 법칙 4] 그런데 NP와 NB는 길이가 같고, PS와 SV는 길이가 같다. 그러므로 NS, SV로 만든 정사각형들을 더한 것은 NB로 만든 정사각형에 비해서 넓이가 세 배이다. 그러므로 VS, SN, NB로 만든 정사각형들을 더한 것은 NB로 만든 정사각형에 비해서 넓이가 네 배이다. 그런데 SB로 만든 정사각형은 SN, NB로 만든 정사각형들을 더한 것과 넓이가 같다. 그러므로 BS, SV로 만든 정사각형들을 더한 것은, 각 VSB가 직각이니 BV로 만든 정사각형과 넓이가 같으며, NB로 만든 정사각형에 비해서 넓이가 네 배이다. 그러므로 BV의 길이는 BN의 두 배이다.

그런데 BC의 길이도 BN의 두 배이다. 그러므로 BV와 BC는 길이가 같다. 두 변 BU, UV가 두 변 BW, WC와 각각 길이가 같고, 밑변 BV가 밑면 BC와 길이가 같으니, 각 BUV는 각 BWC와 크기가 같다. [1권 법칙 8] 마찬가지 방법으로 각 UVC가 각 BWC와 크기가 같음을 보일 수 있다. 그러므로 세 각 BWC, BUV, UVC는 크기가 같다. 그런데 변들의 길이가 같은 오각형이 세 각의 크기가 같으면, 그 오각형은 모든 각의 크기가 같다. [13권 법칙 7] 그러므로 오각형 BUVCW는 모든 각이 크기가 같다.

이 오각형은 변들의 길이가 같음을 이미 보였다. 그러므로 오각형 BUVCW는 변들의 길이가 같고 각들의 크기가 같은 정오각형이며, 정육면체의 한 모서리인 BC에 걸쳐 있다.

그러므로 정육면체의 열두 개 모서리에 대해서 이렇게 정오각형을 만들어 걸쳐 놓으면, 열두 개의 정오각형으로 둘러싸인 입체가 생긴다. 이 입체를 정십이면체라 부른다.

그 다음, 이 입체가 주어진 공에 내접하고, 정십이면체의 변의 길이는 바르지 않으며 뺀 선분임을 보여야 한다. 선분 XP를 아래로 길게 늘여서, 그것을 XZ로 나타내자. 그러면 선분 PZ는 정육면체의 대각선과 만나며, 서로를 이등분한다. 이 사실은 앞의 법칙에서 증명했지만, 제 11권에 나오는 법칙이기도 하다. [11권 법칙 38] 이들이 만나는 점을 Z라 하자. 그러면 Z를 중점으로 공을 그려서 정육면체가 그 공에 내접하도록 할 수 있다. 그리고 ZP는 정육면체의 변의 길이의 절반이다. 선분 UZ를 그어라. 점 P는 선분 NS를 평균과 작은 것의 비율로 자르며, NP가 긴 토막이니, NS, SP로 만든 정사각형들을 더한 것은 NP로 만든 정사각형에 비해서 넓이가 세 배이다. [13권 법칙 4] 그런데 NS와 XZ는 길이가 같다. 왜냐 하면, NP와 PZ는 길이가 같고, XP와 PS도 길이가 같기 때문이다. 그런데 PS는 XU와 길이가 같다. 왜냐 하면, RP와 길이가 같기 때문이다. 그러므로 ZX, XU로 만든 정사각형들을 더한 것은 NP로 만든 정사각형에 비해서 넓이가 세 배이다.

그런데 UZ로 만든 정사각형은 ZX, XU로 만든 정사각형들을 더한 것과 넓이가 같다. 그러므로 UZ로 만든 정사각형은 NP로 만든 정사각형에 비해서 넓이가 세 배이다. 그런데 정육면체가 공에 내접하면, 공의 반지름으로 만든 정사각형의 넓이는 정육면체의 변의 길이의 절반으로 만든 정사각형 넓이의 세 배가 된다.

왜냐 하면, 앞에서 증명했듯이 정육면체가 공에 내접하면 공의 지름으로 만든 정사각형의 넓이는 정육면체의 변으로 만든 정사각형 넓이의 세 배가 된다. 전체와 전체의 비율은 절반과 절반의 비율과 같다. 그리고 NP는 정육면체의 변의 길이의 절반이다. 그러므로 UZ는 정육면체를 내접시키는 공의 반지름과 길이가 같다. 그리고 Z는 정육면체를 내접시키는 공의 중점이다. 그러므로 점 U는 공의 표면에 놓인다. 비슷한 방법으로 정십이면체의 나머지 꼭짓점들도 공의 표면에 놓임을 보일 수 있다. 그러므로 이 정십이면체는 주어진 공에 내접한다.

그 다음, 정십이면체의 변의 길이가 바르지 않으며 뺀 선분임을 보이겠다. NP를 평균과 작은 것의 비율로 잘랐을 때 RP가 긴 토막이다. 그리고 PO를 평균과 작은 것의 비율로 잘랐을 때 PS가 긴 토막이다. 그러므로 NO 전체를 평균과 작은 것의 비율로 자르면, 긴 토막의 길이는 RS와 같다. 왜냐 하면, NP와 PR의 비율은 PR과 RN의 비율과 같고, 이들을 두 배로 만들어도 비례식이 성립한다. 몫들 사이의 비율은 같은 수를 곱해서 만든 곱들 사이의 비율과 같기 때문이다. [5권 법칙 15] 그러므로 NO와 RS의 비율은 RS와 NR, SO를 더한 것과의 비율과 같다. 그런데 NO는 RS보다 더 길다. 그러므로 RS도 NR, SO를 더한 것보다 더 길다. 그러므로 NO를 평균과 작은 것의 비율로 자르면, 긴 토막의 길이는 RS와 같다. 그런데 RS와 UV는 길이가 같다. 그러므로 NO를 평균과 작은 것의 비율로 자르면, 긴 토막의 길이는 UV와 같다.

공의 지름은 길이가 바르고, 공의 지름으로 만든 정사각형의 넓이는 공에 내접하는 정육면체의 변으로 만든 정사각형 넓이의 세 배이니, 정육면체의 변인 NO는 길이가 바르다. 길이가 바른 선분을 평균과 작은 것의 비율로 자르면, 각각의 토막은 길이가 바르지 않으며 뺀 선분이다. [13권 법칙 6] 그러므로 정십이면체의 한 변 UV는 길이가 바르지 않으며 뺀 선분이다.

그러므로 이 법칙이 성립한다. □

해설 유클리드는 지금까지 전혀 사용하지 않았던 법칙 두 개를 여기서 사용하고 있다. 특히 6권 법칙 32는 여기서 사용된다는 사실을 많은 사람들이 간과하였기 때문에, 도대체 왜 있는지 몰라서 고심하였다. 이 법칙의 경우, 유클리드의 작도 방법은 테일러의 작도 방법과 사실상 일치한다. 헨리씨와 트로틀라인도 '결정체의 형성'이라는 제목으로 이것을 언급하였다. 유클리드는 13권 법칙 15처럼 구의 속에다 정육면체를 내접시켰다. 그리고 나서, 정육면체의 한 변을 대각선으로 가지는 정오각형의 변을 구했다.

테일러는 변의 길이가 $a$인 정오각형의 대각선을 $l$이라고 했다. 그러므로

$$l^2 = al + a^2$$

테일러는 $l$을 변(모서리)으로 가지는 정육면체를 만들었으며, 정오각형의 변을 구하기 위해서, 정육면체의 중점 Z로부터 정육면체의 면 BF에 수직이 되도록 선분을 그었다. 그 선분의 길이가 $\frac{1}{2}(l+a)$가 되도록 하고, 그 끝점을 X라고 했다. 그 다음에, 점 X를 지나고 BC에 평행하도록 UV를 그었다. UX, XV는 둘 다 길이가 $\frac{1}{2}a$가 되도록 했다.

유클리드는 UV를 다음과 같이 찾았다. 정사각형 BCFE의 마주 보는 변들의 중점들을 잇는 선분 NO, MH를 그어라. 이들이 만나는 점을 P라 하자. 정사각형 BCDA의 마주 보는 변들의 중점들을 잇는 선분 GK, HL을 그어라. 이들이 만나는 점을 Q라 하자.

PN, PO, QH를 평균과 작은 것의 비율로 자르는 점들을 R, S, T라 하고, PR, PS, QT가 긴 토막이라고 하자. 정육면체의 바깥으

로 나가도록, 놓여 있는 정육면체의 면에 수직이 되도록 RU, SV, TW를 그어라. 이들은 PR, PS, TQ와 길이가 같도록 잡아라.

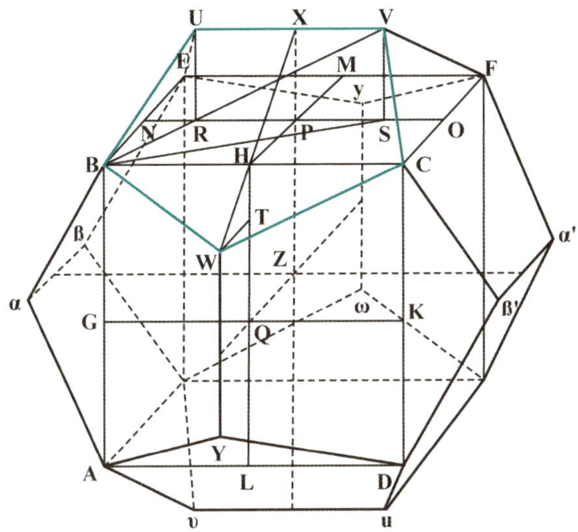


선분 BU, UV, VC, CW, WB를 그어라.그러면 BUVCW가 바로 정십이면체의 한 면인 정오각형이다. 다른 면들도 마찬가지 방법으로 만들 수 있다.

이제 유클리드는 다음과 같이 증명한다.

(1) 오각형 BUVCW는 변들의 길이가 모두 같다.
(2) 이 오각형은 한 평면에 놓여 있다.
(3) 이 오각형은 각들의 크기가 모두 같다.
(4) 꼭짓점 U는 정육면체에 외접하는 구의 표면에 놓인다.
(5) 따라서 다른 꼭짓점들도 모두 같은 구의 표면에 놓인다.
(6) 정십이면체의 변은 '뺀 선분'이다.

(1) 오각형 BUVCW는 변들의 길이가 모두 같음을 보이자.

$$
\begin{aligned}
BU^2 &= BR^2 + RU^2 \\
&= (BN^2 + NR^2) + RP^2 \\
&= (PN^2 + NR^2) + RP^2 \\
&= 3RP^2 + RP^2 \quad [13\text{권 법칙 } 4] \\
&= 4RP^2 \\
&= UV^2
\end{aligned}
$$

그러므로 $BU = UV$

마찬가지 방법으로, BW, WC, CV도 모두 UV, BU와 길이가 같음을 보일 수 있다. (테일러는 다음과 같이 증명하였다. 그의 기호를 사용하면, BU를 BA, BC, BE에 각각 사영(projection)한 것은 $\frac{1}{2}a$, $\frac{1}{2}(l-a)$, $\frac{1}{2}l$이 된다. 그러므로

$$
\begin{aligned}
BU^2 &= \frac{1}{4}a^2 + \frac{1}{4}(l-a)^2 + \frac{1}{4}l^2 \\
&= \frac{1}{2}(l^2 - al + a^2) \\
&= a^2
\end{aligned}
$$

BW, WC, … 도 마찬가지이다.)

(2) 오각형 BUVCW가 한 평면에 놓여 있음을 보이자.

RU 또는 SV와 평행하도록 PX를 긋고, 이것이 UV와 만나는 점을 X라 하자. 선분 XH, HW를 그어라. 그러면 XH, HW가 한 선분에 놓임을 보여야 한다. HP, WT는 둘 다 면 BCDA에 수직이니, 서로 평행하다. 마찬가지 이유로 XP, HT도 서로 평행하다.

그리고 QH를 평균과 작은 것의 비율로 자르는 점이 T이니,

$$QH : QT = QT : TH$$

그리고 $QH = HP, QT = WT = PX$

그러므로 $HP : PX = WT : TH$

따라서 삼각형 HPX와 삼각형 WTH는 6권 법칙 32의 조건을 만족한다. 그러므로 XHW는 한 선분이 된다.

(테일러는 다음과 같이 증명하였다. WH, WX를 BE에 사영하면 $\frac{1}{2}a$, $\frac{1}{2}(a+l)$ 이 되고, WH, WX를 BA에 사영하면 $\frac{1}{2}(l-a)$, $\frac{1}{2}l$ 이 된다. 그런데 $al = l^2 - a^2$ 이니, $a : (a+l) = (l-a) : l$ 이 성립한다. 그러므로 WHX는 한 선분이다.)

(3) 오각형 BUVCW는 각들의 크기가 같음을 보이자.

$$\begin{aligned} BV^2 &= BS^2 + SV^2 \\ &= (BN^2 + NS^2) + SP^2 \\ &= PN^2 + (NS^2 + SP^2) \end{aligned}$$

그런데 13권 법칙 5에 따라서, NS를 평균과 작은 것의 비율로 쪼개는 점이 P이니, 13권 법칙 4에 따라서,

$$NS^2 + SP^2 = 3PN^2$$

그러므로 $BV^2 = PN^2 + 3PN^2 = 4PN^2 = BC^2$

즉 $BV = BC$

그러므로 삼각형 UBV와 삼각형 WBC는 서로 합동이다. 따라서

$$\angle BUV = \angle BWC$$

마찬가지로, $\angle CVU = \angle BWC$

그러므로 13권 법칙 7에 따라서, 이 오각형은 각들의 크기가 모두 같다.

(4) 정육면체에 외접하는 구가 정십이면체에도 외접함을 보이려면, 구의 중점을 Z라 할 때, 예를 들어 ZU = ZB임을 보이면 된다.

11권 법칙 38에 따라서, XP를 길게 늘인 선분은 정육면체의 중점과 만난다. 그리고 XP를 길게 늘인 선분에서 정육면체 속에 놓여 있는 부분은, 정육면체의 대각선과 서로 상대방을 이등분한다. 그리고

$$\begin{aligned} ZU^2 &= ZX^2 + XU^2 \\ &= NS^2 + PS^2 \\ &= 3PN^2 \end{aligned}$$

그리고 13권 법칙 15의 내용에 따라서,

$$\begin{aligned} ZB^2 &= ZP^2 + PB^2 \\ &= ZP^2 + PN^2 + NB^2 \\ &= 3PN^2 \end{aligned}$$

그러므로 $$ZU = ZB$$

(5) ZV, ZW, … 도 마찬가지이다.

(6) PN을 평균과 작은 것의 비율로 자르는 점이 R이니,

$$NP : PR = PR : RN$$

항들을 두 배로 만들면,

$$NO : RS = RS : (NR + SO)$$

그러므로 NO를 평균과 작은 것의 비율로 자르면, 긴 토막은 RS

와 길이가 같다. 구의 지름은 길이가 바르고,

$$(\text{구의 지름})^2 = 3(\text{정육면체의 변})^2$$

이니, 정육면체의 변은 길이가 바르다. 그러니 NO는 길이가 바르다. 그러므로 RS는 '뺀 선분'이다. (이것은 13권 법칙 6에서 증명해 놓았다. 그렇지만 법칙 6은 후대 사람들이 덧붙여 놓은 것임이 확실하다. 유클리드는 이 성질을 그냥 받아들이고 있다.)

테일러의 기호를 쓰면,

$$l^2 = la + a^2$$

따라서 $$a = \frac{\sqrt{5} - 1}{2} l$$

외접하는 구의 반지름을 $r$이라 하면, $r = \dfrac{\sqrt{3}}{2} l$이니,

$$a = \frac{r}{\sqrt{3}}(\sqrt{5} - 1) = \frac{r}{3}(\sqrt{15} - \sqrt{3})$$

### ◁ 파푸스의 풀이법 ▷

파푸스는 이 문제의 경우도 네 개의 평행한 원형 단면을 찾아서 해결하였다. 이 단면들은 각각 정십이면체의 다섯 개의 꼭짓점들을 지난다.

(가) 분석적인 방법.

이 문제가 풀렸다고 가정해 보자. 정십이면체의 꼭짓점들을 A, B, C, D, E; F, G, H, K, L; M, N, O, P, Q; R, S, T, U, V로 나타내자.

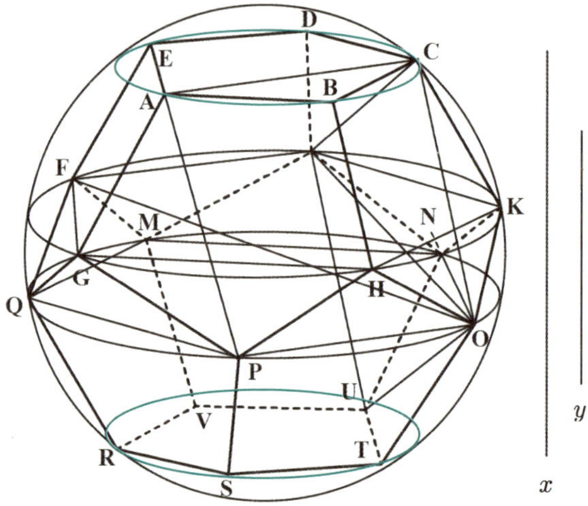


그러면 앞에서와 마찬가지로, ED와 FL은 서로 평행하고, AE와 FG는 서로 평행하다. 그러므로 평면 ABCDE와 평면 FGHKL은 서로 평행하다. 그런데 PA와 BH는 서로 평행하고, BH와 OC는 서로 평행하니, PA와 OC도 서로 평행하다. 그리고 이들은 길이가 같다. 그러므로 PO, AC는 서로 평행하다. 그러므로 ST, ED도 서로 평행하다. 마찬가지 이유로 RS와 DC도 서로 평행하며, TU와 EA, UV와 AB, VR과 BC도 서로 평행하다.

그러므로 평면 ABCDE와 평면 RSTUV는 서로 평행하다. 그리고 원 ABCDE와 원 RSTUV는 크기가 같다. 왜냐 하면, 내접하고 있는 정오각형들이 크기가 같기 때문이다.

원 FGHKL과 원 MNOPQ도 크기가 같다. 내접하고 있는 정오각형들이 크기가 같기 때문이다. CL, OU는 둘 다 KN과 평행하니, CL과 OU는 서로 평행하다. 그러므로 L, C, O, U는 한 평면에 놓여 있다. 그리고 LC, CO, OU, UL은 모두 길이가 같다. 이들은 크기가 같은 정오각형들에서 각들을 대하고 있기 때문이다. 그리고 L, C, O, U는 한 단면에 놓여 있다. 즉 한 원에 놓여 있다. 그러므로 LCOU는 정사각형이다.

그러므로 $OL^2 = 2LC^2 = 2LF^2$

(LC, LF는 크기가 같은 정오각형들에서 각들을 대하고 있기 때문이다.) 그리고 각 OLF는 직각이다. 왜냐 하면, PO, LF는 구의 두 개의 크기가 같고 평행한 원형 단면들에 있는 두 개의 길이가 같고 평행한 현들이기 때문이다. (파푸스의 법칙)

그러므로

$$OF^2 = OL^2 + FL^2 = 3FL^2$$ [앞에서 나옴]

그리고 OF는 구의 지름이다. 왜냐 하면, PO, FL은 그들이 놓여 있는 원들의 중점들을 기준으로 서로 반대쪽에 놓여 있기 때문이다. (파푸스의 법칙) 이제 원 FGHKL에 내접하는 정오각형, 정삼각형, 정육각형의 변들을 각각 $p$, $t$, $h$라 하고, 구의 지름을 $d$라 하자. 그러면

$$d : FL = \sqrt{3} : 1$$ [앞에서 나옴]

$$= t : h$$ [13권 법칙 12]

그런데 FL = $p$이니, 비례식을 바꾸면,

$$d : t = p : h$$

이제 임의의 한 원에 내접하고 있는 정십각형, 정오각형, 정육각형의 변들을 각각 $b'$, $p'$, $h'$라 하자.

FL을 평균과 작은 것의 비율로 쪼개면, 큰 토막이 ED와 같으니 [13권 법칙 8],

$$FL : ED = h' : b'$$ [6권 정의 3, 13권 법칙 9]

그리고 비율 FL : ED는 원 FGHKL, 원ABCDE에 각각 내접하는 정오각형들의 변들의 비율이다. 그러므로 그 원들에 각각 내접하는 정삼각형들의 변들의 비율도 이것과 같다. 그러므로

$t$ : 원ABCDE에 내접하는 정삼각형의 변 = $h' : b'$

그런데

$$d : t = p : h$$
$$= p' : h'$$

그러므로 같은 위치에 있는 항들은 비율이 같으니,

$d$ : 원ABCDE에 내접하는 정삼각형의 변 = $p' : b'$

그런데 $d$는 주어졌다. 그러므로 원ABCDE, 원 FGHKL에 각각 내접하는 정삼각형들의 변들이 주어졌으며, 따라서 이 원들의 반지름들이 주어졌다. 그러므로 두 개의 원이 주어졌으며, 따라서 크기가 같고 평행한 원형 단면들이 주어진 게 된다.

(나) 합성적인 방법.

$d$, $x$, $y$의 비율이 같은 원에 내접하고 있는 정오각형, 정육각형, 정십각형의 변들의 길이 비율과 같게 되도록 $x$, $y$를 잡아라. $r^2 = \frac{1}{3}x^2$, $r'^2 = \frac{1}{3}y^2$이 되도록 $r$, $r'$을 잡고, 반지름이 각각 $r$, $r'$이 되는 원형 단면들을 구에서 잡아라.

그 원들을 각각 FGHKL, ABCDE로 나타내자. 이들과 크기가 같고 평행한 원들을 중점의 반대 방향에 잡아라. 그것들을 MNOPQ, RSTUV라 하자. 앞의 두 원들 속에다 정오각형들을 내접시키되, ED와 FL이 평행하도록 하고, 나머지 변들도 나머지 변들과 각각

평행하도록 해라. 뒤의 두 원들 속에다 역시 정오각형들을 내접시키되, 앞의 두 원들 속의 변들과 길이가 같고 평행한 변들이 구의 중점을 기준으로 반대 방향에 놓이도록 해라. 즉 ST는 ED와 길이가 같고 평행하며, PO는 FL과 길이가 같고 평행하며, 이런 식으로 해서 정오각형들을 만들어서 내접시켜라. 그러면 정십이면체의 꼭짓점들이 모두 결정되었다. 이렇게 만들면 옳게 됨은, 분석적인 방법에서 증명한 것을 보면 명백하다.

이렇게 작도한 것을 보면, 정십이면체의 다섯 개의 꼭짓점을 지나는 원은, 정이십면체의 세 개의 꼭짓점을 지나는 원과 똑같으며, 정십이면체의 오각형 면에 외접하는 원은, 정이십면체의 삼각형 면에 외접하는 원과 똑같음을 알 수 있다고 파푸스는 언급하였다.

**딸린 법칙**

**정육면체의 한 변을 평균과 작은 것의 비율로 자르면, 긴 토막의 길이는 정십이면체의 한 변과 같다.**

**법칙 18**

**다섯 개 정다면체들의 변들을 긋고 그 길이를 서로 비교하시오.**

증명 주어진 원의 지름이 AB라 하자. AC와 CB의 길이가 같도록 점 C를 잡아라. AD가 DB의 두 배가 되도록 점 D를 잡아라. 반원 AEB를 그려서 AB에다 붙여라. 점 C, D에서 선분 AB에 수직이 되도록 선분 CE, DF를 그어라. 선분 AF, FB, EB를 그어라.

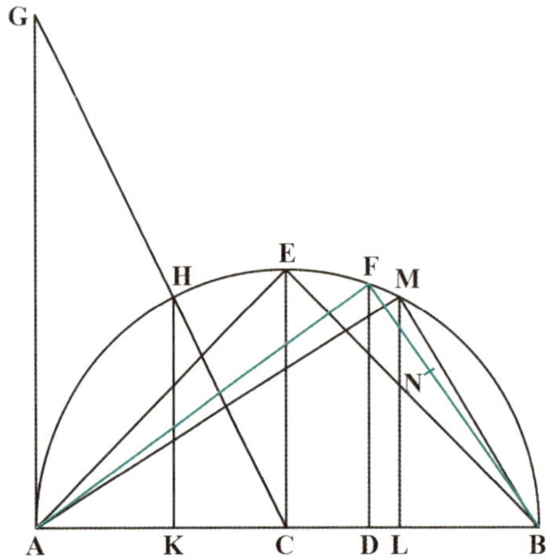


AD가 DB의 두 배이니, AB는 BD의 세 배이다. 그러므로 전자와 뺀 것과의 비례식에 따라서 AB는 AD의 한 배 반이다. 그런데 AB와 AD의 비율은 AB로 만든 정사각형과 AF로 만든 정사각형의 넓이 비율과 같다. 왜냐 하면, 삼각형 AFB와 삼각형 ADF는 각들의 크기가 같기 때문이다. [5권 정의 9, 6권 법칙 8] 그러므로 AB로 만든 정사각형의 넓이는 AF로 만든 정사각형 넓이의 한 배 반이다. 그런데 공의 지름으로 만든 정사각형의 넓이는 공에 내접하는 정사면체의 한 변으로 만든 정사각형 넓이의 한 배 반이다. [13권 법칙 13] 그리고 AB는 공의 지름이다. 그러므로 AF는 내접하는 정사면체의 한 변과 길이가 같다.

AD는 DB의 두 배이니, AB는 DB의 세 배이다. 그런데 AB와 DB의 비율은 AB로 만든 정사각형과 BF로 만든 정사각형의 넓이 비율과 같다. [6권 법칙 8, 5권 정의 9] 그러므로 AB로 만든 정사각형의 넓이는 BF로 만든 정사각형 넓이의 세 배이다.

그런데 공의 지름으로 만든 정사각형의 넓이는 공에 내접하는 정육면체의 한 변으로 만든 정사각형 넓이의 세 배이다. [13권 법칙 15] 그리고 AB는 공의 지름이다. 그러므로 BF는 내접하는 정육면체의 한 변과 길이가 같다.

AC와 CB는 길이가 같으니, AB는 BC의 두 배이다. 그런데 AB와 BC의 비율은 AB로 만든 정사각형과 BE로 만든 정사각형의 넓이 비율과 같다. 그러므로 AB로 만든 정사각형의 넓이는 BE로 만든 정사각형 넓이의 두 배이다.

그런데 공의 지름으로 만든 정사각형의 넓이는 공에 내접하는 정팔면체의 한 변으로 만든 정사각형 넓이의 두 배이다. [13권 법칙 14] 그리고 AB는 공의 지름이다. 그러므로 BE는 내접하는 정팔면체의 한 변과 길이가 같다.

그 다음, 점 A에서 선분 AB에 수직이 되도록 선분 AG를 세워라. AG의 길이가 AB의 길이와 같도록 잡아라. 선분 GC를 그어라. 점 H에서 선분 AB에 수직이 되도록 선분 HK를 그어라.

GA와 AB는 길이가 같으니, GA는 AC의 두 배이다. 그리고 GA와 AC의 비율은 HK와 KC의 비율과 같으니, HK는 KC의 두 배이다. 그러므로 HK로 만든 정사각형의 넓이는 KC로 만든 정사각형 넓이의 네 배이다. 그러므로 HK, KC로 만든 정사각형들을 더한 것의 넓이는, 즉 HC로 만든 정사각형의 넓이는 KC로 만든 정사각형 넓이의 다섯 배이다.

그런데 HC와 CB는 길이가 같다. 그러므로 BC로 만든 정사각형의 넓이는 CK로 만든 정사각형 넓이의 다섯 배이다.

AB는 CB의 두 배이고, 여기서 AD는 DB의 두 배이니, 빼고 남는 BD는 빼고 남는 DC의 두 배이다. 그러므로 BC는 CD의 세 배이다. 그러므로 BC로 만든 정사각형의 넓이는 CD로 만든 정사각형 넓이의 아홉 배이다. 그런데 BC로 만든 정사각형의 넓이는 CK로 만든 정사각형 넓이의 다섯 배이다. 그러므로 CK로 만든 정사각형은 CD로 만든 정사각형보다 더 넓다. 그러므로 CK는 CD보다 더 길다. CL의 길이가 CK의 길이와 같도록 잡아라. 점 L에서 선분 AB에 수직이 되도록 선분 LM을 세워라. 선분 MB를 그어라.

BC로 만든 정사각형의 넓이는 CK로 만든 정사각형 넓이의 다섯 배이고, AB는 BC의 두 배이고, KL은 CK의 두 배이니, AB로 만든 정사각형의 넓이는 KL로 만든 정사각형 넓이의 다섯 배이다.

그런데 공의 지름으로 만든 정사각형의 넓이는 정이십면체를 만들기 위해서 그린 원의 반지름으로 만든 정사각형 넓이의 다섯 배이다. [13권 법칙 16, 딸린 법칙] 그리고 AB는 공의 지름이다. 그러므로 KL은 정이십면체를 만들기 위해서 그린 원의 반지름과 길이가 같다. 그러므로 KL은 이 원에 내접하는 정육각형의 변의 길이와 같다. [4권 법칙 15, 딸린 법칙]

그리고 공의 지름은 이 원에 내접하는 정육각형의 한 변과 정십각형의 두 변을 더한 것과 길이가 같다. [13권 법칙 16, 딸린 법칙] AB는 공의 지름이고, KL은 정육각형의 한 변이며, AK와 LB는 길이가 같으니, 두 선분 AK, LB는 정이십면체를 만들기 위해서 그린 원에 내접하는 정십각형의 변의 길이와 같다.

LB는 정십각형의 변의 길이이고, ML은 정육각형의 변의 길이이다. 왜냐 하면, 선분 ML, HK는 중점에서 같은 거리만큼 떨어져 있으니 길이가 같고, 선분 HK, KL은 둘 다 KC의 두 배이니 길이가 같으며, 따라서 두 선분 ML, KL은 길이가 같기 때문이다. 그

러므로 MB는 정오각형의 한 변과 길이가 같다. [13권 법칙 10]

그런데 정오각형의 한 변은 공에 내접하는 정이십면체의 한 변과 길이가 같다. [13권 법칙 16] 그러므로 MB는 정이십면체의 한 변과 길이가 같다.

FB는 정육면체의 한 변과 길이가 같은데, 이것을 평균과 작은 것의 비율로 자르는 점을 N이라 하자. 그리고 NB가 긴 토막이라고 하자. 그러면 NB는 내접하는 정십이면체의 한 변과 길이가 같다. [13권 법칙 17, 딸린 법칙]

공의 지름으로 만든 정사각형의 넓이는 정사면체의 한 변 AF로 만든 정사각형 넓이의 한 배 반이며, 정팔면체의 한 변 BE로 만든 정사각형 넓이의 두 배이며, 정육면체의 한 변 FB로 만든 정사각형 넓이의 세 배임을 보였다. 그러므로 공의 지름으로 만든 정사각형의 넓이가 6이라면, 정사면체의 한 변으로 만든 정사각형의 넓이는 4이고, 정팔면체의 한 변으로 만든 정사각형의 넓이는 3이고, 정육면체의 한 변으로 만든 정사각형의 넓이는 2이다.

그러므로 정사면체의 한 변으로 만든 정사각형의 넓이는 정팔면체의 한 변으로 만든 정사각형 넓이의 4/3이고, 정육면체의 한 변으로 만든 정사각형 넓이의 두 배이다. 그리고 정팔면체의 한 변으로 만든 정사각형의 넓이는 정육면체의 한 변으로 만든 정사각형 넓이의 한 배 반이다.

그러므로 정사면체, 정팔면체, 정육면체, 이 세 입체들의 변의 길이 비율은 바르게 된다. 그러나 나머지 두 입체의 변들, 즉 정이십면체와 정십이면체의 변들의 길이는 앞에서 말한 세 입체의 변들의 길이와 비율이 바르지 않게 되며, 이들 서로도 비율이 바르지 않게 된다. 왜냐 하면, 이들은 길이가 바르지 않으며, 하나는 소선분이고 [13권 법칙 16], 다른 하나는 뺀 선분이기 때문이다. [13권 법칙 17]

정이십면체의 변 MB가 정십이면체의 변 NB보다 더 긺은 다음과 같이 보일 수 있다. 삼각형 FDB와 삼각형 AFB는 각들의 크기가 같으니 [6권 법칙 8], DB와 BF의 비율은 BF와 BA의 비율과 같다. [6권 법칙 4] 이 세 선분이 서로 비례하니, 첫째와 셋째의 길이 비율은 첫째로 만든 정사각형과 둘째로 만든 정사각형의 넓이 비율과 같다. [5권 정의 9, 6권 법칙 20, 딸린 법칙] 그러므로 DB와 BA의 비율은 DB로 만든 정사각형과 BF로 만든 정사각형의 넓이 비율과 같다. 그러므로 역으로 AB와 BD의 비율은 FB로 만든 정사각형과 BD로 만든 정사각형의 넓이 비율과 같다.

그런데 AB는 BD의 세 배이다. 그러므로 FB로 만든 정사각형의 넓이는 BD로 만든 정사각형 넓이의 세 배이다. 그런데 AD로 만든 정사각형의 넓이는 DB로 만든 정사각형 넓이의 네 배이다. 왜냐 하면, AD는 DB의 두 배이기 때문이다. 그러므로 AD로 만든 정사각형은 FB로 만든 정사각형보다 더 넓다. 그러므로 AD는 FB보다 더 길다. 그러므로 AL은 FB보다 훨씬 더 길다.

AL을 평균과 작은 것의 비율로 자르면, KL이 긴 토막이다. 왜냐 하면, KL은 정육각형의 변과 길이가 같고, KA는 정십각형의 변과 길이가 같기 때문이다. [13권 법칙 9] 그리고 FB를 평균과 작은 것의 비율로 자르면, NB가 긴 토막이다. 그러므로 KL은 NB

보다 더 길다. 그런데 KL과 LM은 길이가 같다. 그러므로 LM은 NB보다 더 길다. 그러므로 정이십면체의 한 변인 MB는 정십이면체의 한 변인 NB보다 훨씬 더 길다.

그러므로 이 법칙이 성립한다. □

해설 구의 반지름을 $r$이라 하면, 그 속에 내접하는 정다면체들의 변의 길이는 다음과 같다.

$$\text{정사면체의 변} = \frac{2\sqrt{6}}{3}r$$

$$\text{정육면체의 변} = \frac{2\sqrt{3}}{3}r$$

$$\text{정팔면체의 변} = \sqrt{2}\,r$$

$$\text{정이십면체의 변} = \frac{r}{5}\sqrt{10(5-\sqrt{5})}$$

$$\text{정십이면체의 변} = \frac{r}{3}(\sqrt{15}-\sqrt{3})$$

유클리드는 다섯 가지 정다면체의 변의 길이를 이 그림에 나타내었다.

(1) AD는 2BD와 길이가 같도록 잡아라.

그러면 $BA = \frac{3}{2}AD$

그리고 $BA : AD = BA^2 : AF^2$

그러므로 $BA^2 = \frac{3}{2}AF^2$

따라서 $AF = \sqrt{\frac{2}{3}} \cdot 2r = \frac{2\sqrt{6}}{3}r$

이것이 정사면체의 변이다.

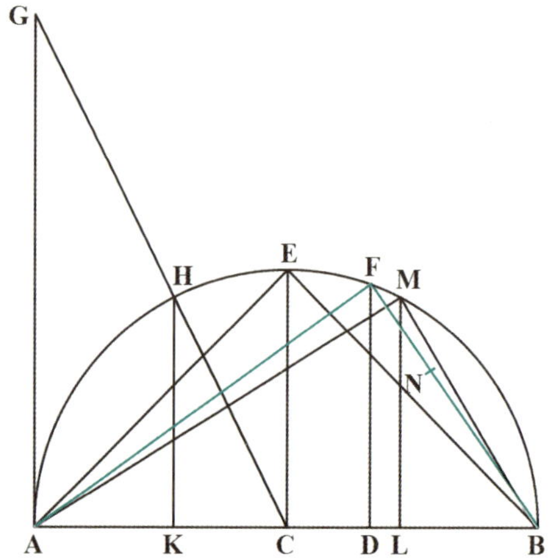


(2) $AB^2 : BF^2 = AB : BD$

$= 3 : 1$

그러므로 $BF^2 = \frac{1}{3} AB^2$

즉 $BF = \frac{2}{\sqrt{3}} r = \frac{2\sqrt{3}}{3} r$

이것이 정육면체의 변이다.

(3) $AB^2 = 2BE^2$

그러므로 $BE = \sqrt{2}\, r$

이것이 정팔면체의 변이다.

(4) AB와 수직이 되고 길이가 같도록 AG를 그어라. 선분 GC를 그어서, 반원과 만나는 점을 H라 하자. AB에 수직이 되도록 HK를 그어라.

그러면 $GA = 2AC$

삼각형 GAC와 삼각형 HKC는 닮은꼴이니,

$$HK = 2KC$$

따라서 $HK^2 = 4KC^2$

그러므로 $5KC^2 = HK^2 + KC^2$

$= HC^2$

$= CB^2$

그리고 AB = 2CB, AD = 2DB이니, 뺄셈을 하면,

$$BD = 2DC$$

즉 $BC = 3DC$

따라서 $9DC^2 = BC^2$

$= 5KC^2$

그러므로 $KC > CD$

KC와 길이가 같도록 CL을 잡아라. AB에 수직이 되도록 LM을 긋고, 선분 AM, MB를 그어라. 그러면

$CB^2 = 5KC^2$ 이니, $AB^2 = 5KL^2$

그러므로 13권 법칙 16에 따라서, 정이십면체의 오각형 단면에 외접하는 원의 반지름, 또는 그 원에 내접하는 정육각형의 변이 KL이다. 그리고

$$KL = \sqrt{\frac{4}{5}}\, r$$

그리고 13권 법칙 16, 딸린 법칙에 따라서,

$2r$ = 정육각형의 변 + 2(정십각형의 변)

그리고 AK = LB = 정십각형의 변

그런데 LM = HK = KL = 정육각형의 변

그러므로 13권 법칙 10에 따라서,

$$LM^2 + LB^2 = (\text{정오각형의 변})^2$$
$$= (\text{정이십면체의 변})^2$$

그런데 $LM^2 + LB^2 = BM^2$이니,

$$BM = \text{정이십면체의 변}$$

좀더 간단하게, 다음과 같이 보일 수 있다.

$$HK = 2KC$$

이니, $HK^2 = 4KC^2$

그리고 $5KC^2 = HC^2 = r^2$

그리고 $AK = r - CK = r\left(1 - \frac{1}{\sqrt{5}}\right)$

그러므로 $BM^2 = HK^2 + AK^2$

$$= \frac{4}{5}r^2 + r^2\left(1 - \frac{1}{\sqrt{5}}\right)^2$$
$$= r^2\left(\frac{10}{5} - \frac{2}{\sqrt{5}}\right)$$
$$= \frac{r^2}{5}(10 - 2\sqrt{5})$$

따라서 $BM = \frac{r}{5}\sqrt{10(5 - \sqrt{5})}$

이며, 이것이 정이십면체의 변이다.

(5) 정육면체의 변인 BF를 평균과 작은 것의 비율로 잘라라. 긴 토막을 BN이라 하면, 13권 법칙 17에 따라서,

$$BN = \text{정십이면체의 변}$$

BN의 길이는 다음과 같다.

$$\begin{aligned} BN &= \frac{\sqrt{5}-1}{2}BF \\ &= \frac{\sqrt{5}-1}{2} \cdot \frac{2}{\sqrt{3}}r \\ &= \frac{r}{3}(\sqrt{15}-\sqrt{3}) \end{aligned}$$

(6) 정사면체, 정팔면체, 정육면체의 변들을 각각 $t$, $o$, $c$라 하면,

$$4r^2 = \frac{3}{2}t^2 = 2o^2 = 3c^2$$

이것을 X라 놓으면,

$$4r^2 = X$$

$$t^2 = \frac{2}{3}X$$

$$o^2 = \frac{1}{2}X$$

$$c^2 = \frac{1}{3}X$$

그러므로 $4r^2 : t^2 : o^2 : c^2 = 6 : 4 : 3 : 2$

그러므로 $2r$, $t$, $o$, $c$ 사이의 비율은 (유클리드가 정의한 의미로) 바르다. 이것들과 정이십면체의 변, 정십이면체의 변 사이의 비율은 바르지 않다.

(7) 정이십면체의 변 > 정십이면체의 변

임을 증명하자. 즉 MB > NB를 증명하자.

△FDB와 △AFB는 닮은꼴이니,

| | |
|---|---|
| | $DB : BF = BF : BA$ |
| 즉 | $DB : BA = DB^2 : BF^2$ |
| 그런데 | $3DB = BA$ |
| 그러므로 | $BF^2 = 3DB^2$ |
| 가정에 따라서, | $AD^2 = 4DB^2$ |
| 그러므로 | $AD > BF$ |
| 그러므로 더욱 | $AL > BF$ |

LK는 정육각형의 변이고, AK는 같은 원에 내접하는 정십각형의 변이다. 그러므로 AL을 평균과 작은 것의 비율로 쪼개면, KL이 긴 토막이다. 그리고 BF를 평균과 작은 것의 비율로 쪼개면, BN이 긴 토막이다.

| | |
|---|---|
| 그런데 | $AL > BF$ |
| 이니, | $KL > BN$ |
| 이다. 즉 | $LM > BN$ |
| 그러므로 더욱 | $MB > BN$ |

**<유클리드의 설명>**

이 다섯 개의 입체들 이외에는, 변들의 길이가 같고 각들의 크기가 같으며 서로 같은 다각형들로 둘러싸인 입체가 없음을 보이겠다. 즉 이들 다섯 이외에는 정다면체가 없음을 보이겠다. 두 개의 정삼각형을 가지고는 입체각을 만들 수 없다. 두 개의 평면을 가지고도 입체각을 만들 수 없다.

세 개의 정삼각형을 가지고 입체각을 만들면 정사면체의 입체각이 생기고, 네 개의 정삼각형을 가지고 입체각을 만들면 정팔면체의 입체각이 생기고, 다섯 개의 정삼각형을 가지고 입체각을 만들면 정이십면체의 입체각이 생긴다. 그러나 여섯 개의 정삼각형을 한 점에 붙이면 입체각이 생기지 않는다. 왜냐 하면, 정삼각형에서 한 각의 크기는 직각의 2/3인데, 이것들을 여섯 개 더하면 직각의 네 배가 된다. 그런데 입체각은 각들을 더했을 때 직각의 네 배보다 작아야 생긴다. [11권 법칙 21] 마찬가지 이유로 여섯 개보다 더 많은 정삼각형을 가지고 입체각을 만들 수 없다.

정사각형을 세 개 가지고 입체각을 만들면 정육면체의 입체각이 생긴다. 그러나 네 개를 가지고는 입체각을 만들 수 없다. 왜냐 하면, 직각의 네 배가 되기 때문이다. 정오각형을 세 개 가지고 입체각을 만들면 정십이면체의 입체각이 생긴다. 그러나 네 개를 가지고는 입체각을 만들 수 없다. 왜냐 하면, 정오각형에서 한 각의 크기는 직각에다 직각의 1/5을 더한 것과 같으니, 이것들을 네 개 더하면 직각의 네 배보다 더 커진다. 마찬가지 이유로 다른 정다각형을 가지고는 입체각을 만들 수 없다.

### 보조 법칙

**정오각형에서 한 각의 크기는 직각에다 직각의 1/5을 더한 것과 같음을 보이자.**

증명 정오각형 ABCDE가 있다고 하자. 이 정오각형에 외접하도록 원 ABCDE를 그려라. 원의 중점 F를 잡아라. 선분 FA, FB, FC, FD, FE를 그어라. 그러면 이 선분들은 정오각형의 각 A, B, C, D, E를 이등분한다. 점 F에 있는 각들을 모두 더하면 직각의 네 배가 되니, 각 하나하나의 크기는 직각보다 직각의 1/5만큼 더 작다. 그러니 각 AFB의 크기는 직각보다 직각의 1/5만큼 더 작다.

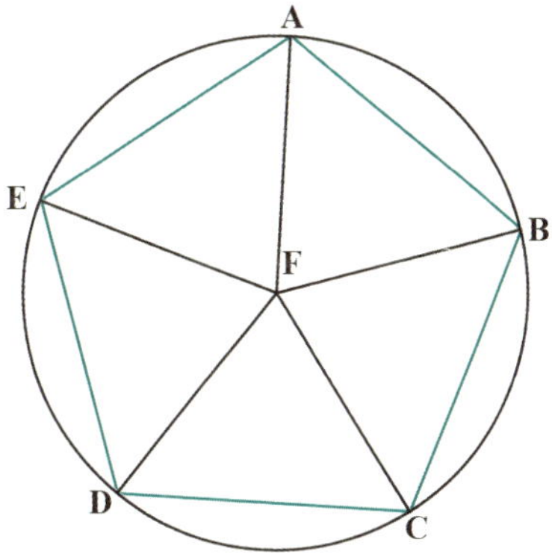


그러므로 삼각형 AFB에서 나머지 두 각 FAB, ABF를 더하면 직각에다 직각의 1/5을 더한 것과 같다. 그런데 각 FAB와 각 FBC는 크기가 같다. 그러므로 전체 각 ABC의 크기는 직각에다 직각의 1/5을 더한 것과 같다. 그러므로 정오각형에서 각의 크기는 직각에다 직각의 1/5을 더한 것과 같다.

그러므로 이 법칙이 성립한다. □

clidean
ometry

# 14권

히프시클레스는 유클리드의 [기하학 원론] 13권의 내용을 보충해 주는 책을 썼다. 이것을 가리켜 [기하학 원론] 제 14권이라고 부르기도 한다. 그 내용을 여기에 소개해 놓겠다. 13권의 내용에 뒤이어 여러 가지 법칙들이 나오며, 머리말이나 또는 본문 여기저기에 그 유래와 역사에 관한 중요한 언급들이 나온다. 히프시클레스가 이 책을 '발견했다'는 설도 있다. 어쩌면 유클리드가 남긴 자료들을 히프시클레스가 정리해서 책을 만든 것 같다.

"오 프로타쿠스(Protarchus)여, 티레의 바실리데스(Basilides of Tyre)는 알렉산드리아에 왔을 때 우리 아버지를 만났다. 그는 머무르는 동안 상당한 시간을 우리 아버지와 함께 보냈다. 두 사람 모두 수학에 흥미를 갖고 있었기 때문이다. 한번은 같은 원에 내접하고 있는 정십이면체와 정이십면체의 비율에 관해서 아폴로니우스가 쓴 책을 보다가, 아폴로니우스가 틀리게 써 놓았다는 결론을 내렸다. 그래서 그 책을 올바르게 고쳐 쓰기로 했다고 한다. 그 후에 나는 아폴로니우스가 쓴 다른 책을 손에 넣었는데, 이 문제에 관한 증명이 나와 있었다. 나는 그가 이 문제를 연구해 놓은 것에 매우 흥미를 느꼈다. 아폴로니우스가 출판한 책은 누구든지 쉽게 구할 수 있다. 조심스럽게 고쳐 놓은 형태로 많이 돌아다니고 있기 때문이다. 나는 여기서, 필요한 해설들을 써서 당신에게 제시하겠다. 당신은 수학, 특히 기하학에 대해서 잘 알고 있으니, 내가 써 놓은 것에 대해서, 전문가로서 판단을 잘 내릴 수 있을 것이다. 당신은 우리 아버지와 친했고, 나에게 호감을 갖고 있으니, 내가 쓴 책을 잘 살펴보리라고 믿는다. 서론은 이것으로 끝을 맺고, 본문을 시작하겠다."

**법칙 1**

**어떤 원의 중심으로부터 그 원에 내접하고 있는 정오각형의 변으로 수직이 되도록 그은 선분의 길이는, 같은 원에 내접하고 있는 정육각형의 변과 정십각형의 변을 더한 것의 절반이다.**

증명 원 ABC가 있는데, 선분 BC는 내접하고 있는 정오각형의 변이라고 하자. 원의 중점 D를 잡아라. BC에 수직이 되도록 DE를 그어라. DE를 양쪽으로 길게 늘여서, 원과 만나는 점들을 F, A라 하자. DE는 이 원에 내접하는 정육각형의 변과 정십각형의 변을 더한 것의 절반임을 보이겠다. 선분 DC, CF를 그어라. EF와 길이가 같도록 EG를 잡고, 선분 GC를 그어라.

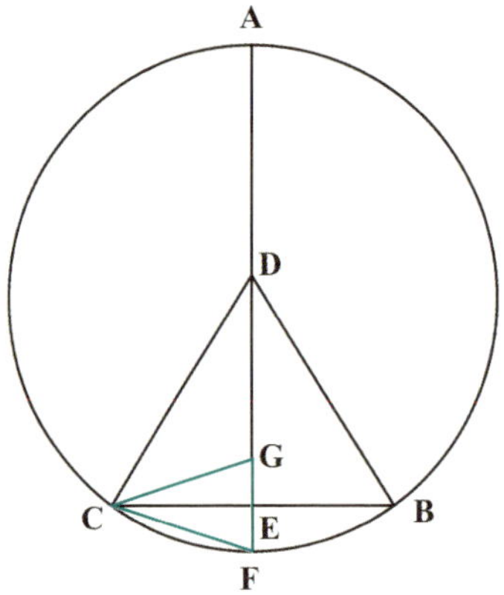


전체 원둘레는 호 BFC의 다섯 배이고, 전체 원둘레의 절반이 호 ACF이며, 호 FC는 호 BFC의 절반이다. 그러므로

$$\text{호 } ACF = 5(\text{호 } FC)$$

즉 $\text{호 } AC = 4(\text{호 } FC)$

그러므로 $\angle ADC = 4\angle CDF$

따라서 $\angle AFC = 2\angle CDF$

그러므로 $\angle CGF = \angle AFC = 2\angle CDF$

그러므로 1권 법칙 32에 따라서,

$$\angle CDG = \angle DCG$$

그러므로 $DG = GC = CF$

그리고 $GE = EF$

그러므로 $DE = EF + FC$

양변에다 DE를 더해라. 그러면

$$2DE = DF + FC$$

여기서 DF는 정육각형의 변이며, FC는 정십각형의 변이다.

그러므로 증명이 되었다. □

"기하학 원론 13권 법칙 12를 보면, 원의 중점으로부터 그 원에 내접하고 있는 정삼각형의 변에 수직이 되도록 그은 선분의 길이는, 원의 반지름의 절반과 같음이 명백하다."

**법칙 2**

**같은 공에 정십이면체와 정이십면체가 내접하고 있으면, 정십이면체의 오각형에 외접하는 원과 정이십면체의 삼각형에 외접하는 원은 크기가 같다.**

"이 법칙은 아리스타유스가 쓴 [다섯 종류의 정다면체들을 비교함]이라는 책에 증명되어 있다. 아폴로니우스가 정십이면체와 정이십면체를 비교하여서 쓴 책 2판을 보면, 이들의 겉넓이 비율은 부피 비율과 같다는 법칙이 나온다. 공의 중점으로부터 정십이면체의 오각형 면으로 그은 수직선과, 정이십면체의 삼각형 면으로 그은 수직선이 길이가 같기 때문이다.

어쨌든, 나는 법칙 2를 여기에 증명해 놓겠다. 그러기 위해서, 우선 다음이 필요하다."

**보조 법칙**

**어떤 원에 정오각형이 내접하고 있으면, 정오각형의 대각선으로 만든 정사각형과 변으로 만든 정사각형을 더한 것은, 원의 반지름으로 만든 정사각형 넓이의 다섯 배이다.**

증명 원 ABC가 있는데, AC는 정오각형의 변이고, 원의 중점은 D라고 하자. AC에 수직이 되도록 DF를 긋고, 이것을 양쪽으로 길게 늘여서, 원둘레와 닿는 점들을 B, E라 하자. 선분 AB, AE를 그어라. 그러면

$$BA^2 + AC^2 = 5DE^2$$

임을 보이겠다. BE = 2ED이니,

$$BE^2 = 4ED^2$$

그리고

$$BE^2 = BA^2 + AE^2$$

그러므로

$$BA^2 + AE^2 + ED^2 = 5ED^2$$

그런데 13권 법칙 10에 따라서,

$$AC^2 = DE^2 + EA^2$$

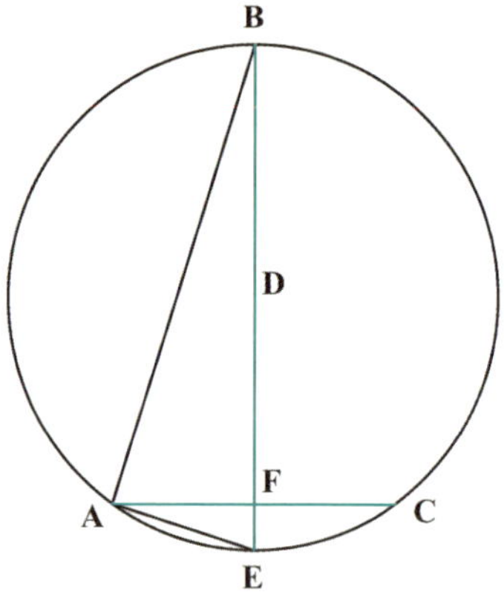

그러므로 $BA^2 + AC^2 = 5DE^2$

그러므로 이 법칙이 성립한다. □

"이것을 증명하였다. 이제 같은 공에 내접하고 있는 정십이면체의 오각형과 정이십면체의 삼각형에 대해서, 같은 원이 외접하고 있음을 증명하여야 한다."

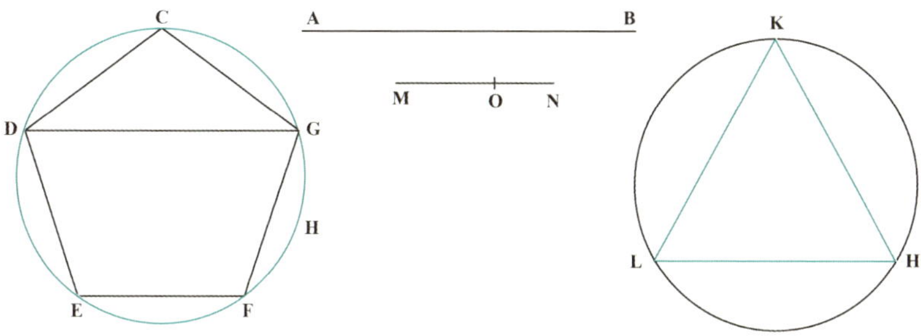


증명 공의 지름을 AB라 하고, 정십이면체와 정이십면체가 내접하고 있다고 하자. 정십이면체의 한 오각형을 CDEFG라 하고, 정이십면체의 한 삼각형을 KLH라 하자. 그러면 이들에 외접하는 원은 반지름이 같음을 보여야 한다. 선분 DG를 그어라. 그러면 13권 법칙 17에 따라서, DG는 공에 내접하는 정육면체의 변과 같다.

$AB^2 = 5MN^2$을 만족하도록 선분 MN을 잡아라.

공의 지름으로 만든 정사각형의 넓이는 정이십면체를 만들기 위해서 그린 원의 반지름으로 만든 정사각형 넓이의 다섯 배이다. [13권 법칙 16, 딸린 법칙] 그러므로 정이십면체의 꼭짓점 다섯 개를 지나는 원의 반지름은 MN과 같다. MN을 평균과 작은 것의 비율로 자르는 점을 O라 하자. 그리고 MO가 긴 토막이라고 하자.

그러므로 MO는 반지름이 MN인 원에 내접하는 정십각형의 변과 길이가 같다. [13권 법칙 9, 5, 역]

이제 13권 법칙 15에 따라서,

$$5MN^2 = AB^2 = 3DG^2$$

그런데 $3DG^2 : 3CG^2 = 5MN^2 : 5MO^2$

(DG를 평균과 작은 것의 비율로 자르면, 긴 토막은 CG와 길이가 같다. 그리고 두 선분을 평균과 작은 것의 비율로 자르면, 토막들의 비율은 원래 선분들의 비율과 같다. 맨 뒤의 보조 법칙 참조.)

그리고 $5MO^2 + 5MN^2 = 5KL^2$

(이것은 13권 법칙 10으로부터 나온다. 13권 법칙 16에서 작도한 것에 따라서, KL은 반지름이 MN인 원에 내접하는 정오각형의 변과 길이가 같기 때문이다. 즉 내접하는 정육각형의 변이 MN이고, 내접하는 정십각형의 변이 MO인 원에.)

그러므로 $5KL^2 = 3CG^2 + 3DG^2$

그런데 13권 법칙 12에 따라서,

$$5KL^2 = 15(\text{KLH에 외접하는 원의 반지름})^2$$

그리고 앞의 보조 법칙에 따라서,

$$3DG^2 + 3CG^2 = 15(\text{CDEFG에 외접하는 원의 반지름})^2$$

그러므로 두 원의 반지름이 같다.

그러므로 이 법칙이 성립한다. □

**법칙 3**

정오각형에 외접하는 원을 그려라. 원의 중점으로부터 한 변으로 수직선을 그어라. 그러면 한 변과 수직선으로 만든 직사각형 넓이의 30배는 정십이면체의 표면적과 같다.

증명 정오각형 ABCDE가 있는데, 원의 중점을 F라 하고, 한 변 CD에 수직이 되도록 FG를 그어라. 그러면

$$30\mathrm{CD} \cdot \mathrm{FG} = 12(\text{정오각형 넓이})$$

임을 보여야 한다.

선분 CF, FD를 그어라. 그러면

$\mathrm{CD} \cdot \mathrm{FG} = 2\triangle\mathrm{CDF}$

$5\mathrm{CD} \cdot \mathrm{FG} = 10\triangle\mathrm{CDF}$

그러므로

$30\mathrm{CD} \cdot \mathrm{FG} = 12(\text{정오각형 넓이})$

그러므로 이 법칙이 성립한다. □

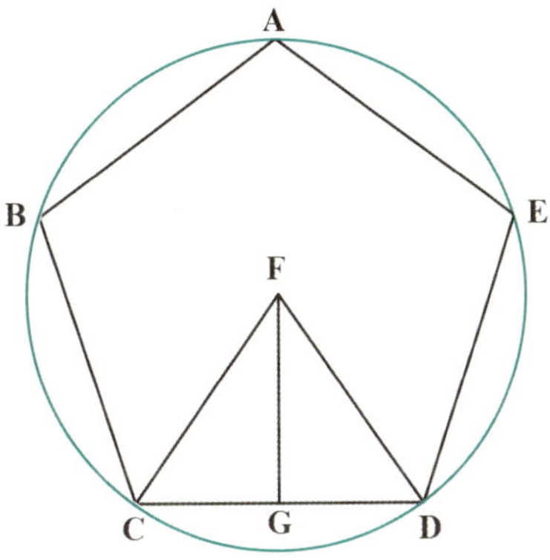


**법칙 4**

정삼각형 ABC가 있는데, 이 정삼각형에 외접하는 원을 그리고, 원의 중점 D로부터 변 BC에 수직이 되도록 DE를 그어라. 그러면 BC, DE로 만든 직사각형 넓이의 30배는 정이십면체의 표면적과 같다.

$$\mathrm{DE} \cdot \mathrm{BC} = 2\triangle\mathrm{DBC}$$

그러므로 $3\mathrm{DE} \cdot \mathrm{BC} = 6\triangle\mathrm{DBC} = 2\triangle\mathrm{ABC}$

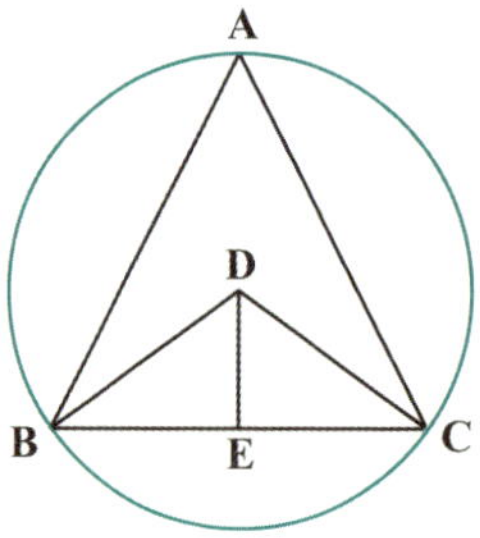


그러므로

$$30DE \cdot BC = 20\triangle ABC$$

그러므로 이 법칙이 성립한다. □

그러므로 다음 법칙이 성립한다.

**법칙 5**

**정십이면체의 표면적 : 정이십면체의 표면적**
**= (오각형의 변) · (그 수직선) : (삼각형의 변) · (그 수직선)**

**법칙 6**

**정십이면체의 표면적과 정이십면체의 표면적의 비율은, 정육면체의 변과 정이십면체의 변의 길이 비율과 같다.**

증명 정십이면체의 오각형과 정이십면체의 삼각형에 외접하는 원이 ABC라고 하자. 삼각형의 한 변을 CD라 하고, 오각형의 한 변을 AC라 하자. 원의 중점을 E라 하자. CD에 수직이 되도록 EF를 긋고, AC에 수직이 되도록 EG를 그어라. EG를 길게 늘여서, 원둘레와 만나는 점을 B라 하자. 선분 BC를 그어라. 같은 공에 내접하는 정육면체의 변과 길이가 같도록 H를 잡아라. 그러면

정십이면체의 표면적 : 정이십면체의 표면적 = H : CD

임을 보여야 한다.

EB, BC를 더한 길이를 평균과 작은 것의 비율로 쪼개는 점이 B이며, BE가 긴 토막이다. [13권 법칙 9] 그리고

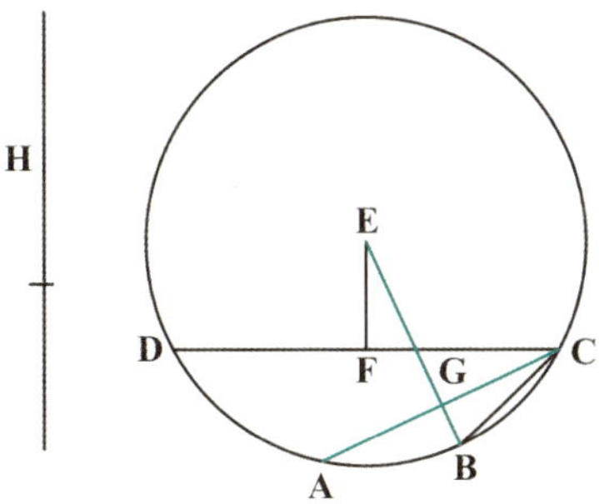


$$EG = \frac{1}{2}(EB + BC) \text{ [법칙 1]}$$

$$EF = \frac{1}{2}BE$$

그러므로, 만약 EG를 평균과 작은 것의 비율로 쪼개면, 긴 토막은 EF와 길이가 같다. 달리 설명하면, EB + BC를 평균과 작은 것의 비율로 쪼갰을 때 긴 토막이 EB이니, $\frac{1}{2}$(EB + BC)를 그런 비율로 쪼개면 긴 토막은 $\frac{1}{2}$EB가 된다. 그런데 H를 평균과 작은 것의 비율로 쪼개면, 긴 토막은 CA와 길이가 같게 된다. [13권 법칙 17, 딸린 법칙] 그러므로

$$H : CA = EG : EF$$

즉 $$FE \cdot H = CA \cdot EG$$

그리고 $$H : CD = FE \cdot H : FE \cdot CD$$

이니,

$$H : CD = CA \cdot EG : FE \cdot CD$$

= 정십이면체의 표면적 : 정이십면체의 표면적[법칙 5]

그러므로 이 법칙이 성립한다. □

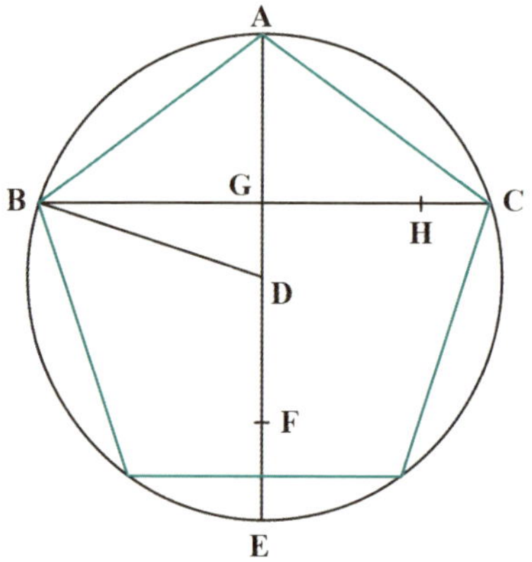


이 법칙은 다음과 같이 증명할 수도 있다. 원 ABC가 있는데, AB, AC는 내접하는 정오각형의 변들이라고 하자. 선분 BC를 그어라. 원의 중점 D를 잡고, 선분 AD를 긋고, AD를 길게 늘여서 원둘레와 만나는 점을 E라 하자. 선분 BD를 그어라.

DF의 길이는 $\frac{1}{2}$AD가 되도록 잡아라. 그리고 CH의 길이는 $\frac{1}{3}$CG가 되도록 잡아라. 그러면

$$AF \cdot BH = \text{오각형 넓이}$$

임을 보이겠다.

AD = 2DF이니, AF = $\frac{3}{2}$AD이다. GC = 3HC이니, GC = $\frac{3}{2}$GH이다.

그러므로 AF : AD = CG : GH

따라서 AF · GH = AD · CG

= AD · BG

= 2△ABD

그러므로 5AF · GH = 10△ABD

= 2(오각형 넓이)

그리고 GH = 2HC이다.

그러므로 5AF · HC = 오각형 넓이

즉 AF · BH = 오각형 넓이

이것을 증명하였고, 이제 같은 공에 내접하고 있는 정십이면체의 오각형과 정이십면체의 삼각형에 외접하는 원을 주었다고 하자.

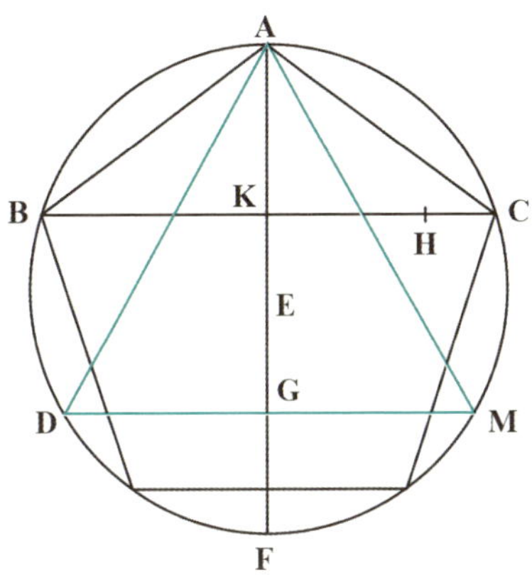


원 ABC를 주었는데, AB, AC는 정오각형의 두 변이라고 하자. 선분 BC를 그어라.

원의 중점 E를 잡고, AE를 길게 늘여서 F에 이르도록 해라. AE = 2EG, KC = 3CH가 되도록 잡아라.

점 G를 지나고 AF에 수직이 되도록 DM을 그어서, 이 선분이 원둘레와 만나는 점들을 D, M이라 하자. 그러면 DM은 내접하는 정삼각형의 변이 된다. 선분 AD, AM을 그어라. 이들은 DM과 길이가 같다.

그런데 AG · BH = 오각형 넓이

AG · GD = 삼각형 넓이

그러므로 BH : GD = 오각형 넓이 : 삼각형 넓이

그리고 12BH : 20GD = 정십이면체 표면적 : 정이십면체 표면적

그런데 BH = 5HC, BC = 6HC이니,

$$12BH = 10BC$$

이다. 그리고

$$20GD = 10DM$$

이다. 그러므로

정십이면체의 표면적 : 정이십면체의 표면적
= 정육면체의 변 : 정이십면체의 변

그러므로 이 법칙을 다른 방법으로 증명하였다.

**법칙 7**

어떤 선분을 평균과 작은 것의 비율로 잘랐다고 하자. 이 때 다음 (1)과 (2)의 비율은 (3)과 (4)의 비율과 같다.

(1) 정사각형을 만들면, 전체 선분으로 만든 정사각형에다 긴 토막으로 만든 정사각형을 더한 것과 넓이가 같게 되는 선분.

(2) 정사각형을 만들면, 전체 선분으로 만든 정사각형에다 짧은 토막으로 만든 정사각형을 더한 것과 넓이가 같게 되는 선분.

(3) 정육면체의 변.

(4) 정이십면체의 변.

증명 같은 공에 내접하는 정십이면체의 오각형과 정이십면체의 삼각형에 외접하는 원을 AHB라 하자. 원의 중점을 C라 하고, 반지름 CB를 평균과 작은 것의 비율로 자르는 점이 D이고, CD가 긴 토막이라고 하자. 그러면 CD는 이 원에 내접하는 정십각형의 변과 길이가 같다. [13권 법칙 9, 법칙 5, 역]

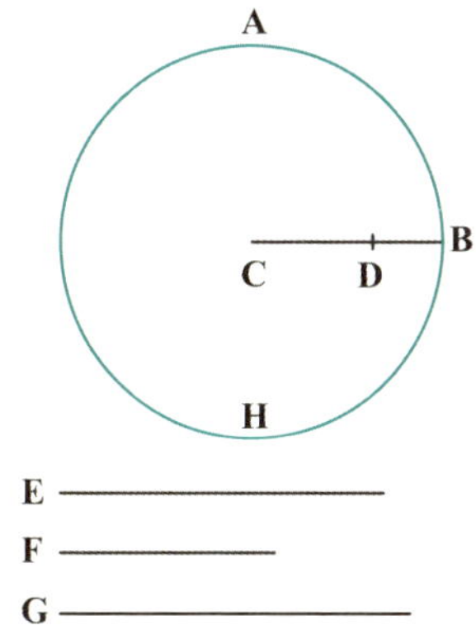


같은 공에 내접하고 있는 정이십면체의 변을 E라 하고, 정십이면체의 변을 F라 하고, 정육면체의 변을 G라 하자.

그러면 원에 내접하는 정삼각형의 변이 E이고, 원에 내접하는 정오각형의 변이 F이고, G를 평균과 작은 것의 비율로 쪼개면, 긴 토막은 F와 길이가 같게 된다. [13권 법칙 17, 딸린 법칙]

그러므로 13권 법칙 12에 따라서,

$$E^2 = 3BC^2$$

그리고 13권 법칙 4에 따라서,

$$CB^2 + BD^2 = 3CD^2$$

그러므로 $E^2 : CB^2 = (CB^2 + BD^2) : CD^2$

그러므로 $E^2 : (CB^2 + BD^2) = CB^2 : CD^2$

$$= G^2 : F^2$$

그러므로 비례식을 바꾸고 역을 취하면,

$$G^2 : E^2 = F^2 : (CB^2 + BD^2)$$

그런데 $F^2 = BC^2 + CD^2$

이다. 왜냐 하면, 정오각형의 변의 제곱은, 같은 원에 내접하고 있는 정육각형의 변의 제곱과 정십각형의 변의 제곱을 더한 것과 같기 때문이다. [13권 법칙 10]

그러므로 $G^2 : E^2 = (BC^2 + CD^2) : (CB^2 + BD^2)$

이것이 바로 우리가 보이려던 것이다.

그러므로 이 법칙이 성립한다. □

이제 다음 비례식이 성립함을 보여야 한다.

**법칙 8**

정육면체의 변 : 정이십면체의 변
= 정십이면체의 부피 : 정이십면체의 부피

증명 같은 공에 정십이면체와 정이십면체가 내접하고 있으면, 정십이면체의 오각형에 외접하는 원과 정이십면체의 삼각형에 외접하는 원은 크기가 같다. 그리고 어떤 공에서, 같은 크기의 원형 단면들은 중점으로부터 같은 거리만큼 떨어져 있다. 그러니 공의 중점으로부터 이 두 입체의 표면으로 그은 수직선들은 길이가 같다. 바꿔 말하면, 정십이면체의 오각형을 밑면으로 하고 공의 중점을 꼭짓점으로 하는 각뿔의 높이는, 정이십면체의 삼각형을 밑면으로 하고 공의 중점을 꼭짓점으로 하는 각뿔의 높이와 같다.

그러므로 각뿔들의 부피 비율은 밑면들의 넓이 비율과 같다. 따라서

12 오각형 : 20 삼각형 = 12 오각뿔 : 20 삼각뿔

즉

정십이면체의 겉넓이 : 정이십면체의 겉넓이
= 정십이면체의 부피 : 정이십면체의 부피

그러므로 법칙 6에 따라서,

정십이면체의 부피 : 정이십면체의 부피
= 정육면체의 변 : 정이십면체의 변

그러므로 이 법칙이 성립한다. □

### 보조 법칙

**두 선분을 평균과 작은 것의 비율로 쪼개면, 그 토막들의 비율은 서로 같다.**

증명 AB를 평균과 작은 것의 비율로 쪼개는 점이 C이고, AC가 긴 토막이라고 하자. 그리고 DE를 평균과 작은 것의 비율로 쪼개는 점이 F이고, DF가 긴 토막이라고 하자. 그러면

$$AB : AC = DE : DF$$

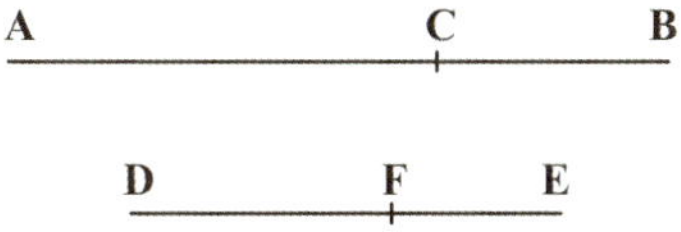


임을 보이겠다.

$$AB \cdot BC = AC^2$$

이고, $DE \cdot EF = DF^2$

이니, $AB \cdot BC : AC^2 = DE \cdot EF : DF^2$

그리고 $4AB \cdot BC : AC^2 = 4DE \cdot EF : DF^2$

그러므로

$$(4AB \cdot BC + AC^2) : AC^2 = (4DE \cdot EF + DF^2) : DF^2$$

그러므로 2권 법칙 8에 따라서,

$$(AB + BC)^2 : AC^2 = (DE + EF)^2 : DF^2$$

그러므로 $(AB + BC) : AC = (DE + EF) : DF$

그리고 $(AB + BC + AC) : AC = (DE + EF + DF) : DF$

즉 $2AB : AC = 2DE : DF$

그러므로 $AB : AC = DE : DF$

그러므로 이 법칙이 성립한다. □

◁ 요약 ▷

어떤 선분 AB를 평균과 작은 것의 비율로 쪼개는 점을 C라 하고, AC가 긴 토막이라고 하자. 같은 공에 정육면체, 정십이면체, 정이십면체가 내접한다고 하자. 그러면 다음 비례식이 성립한다.

(1) 정육면체의 변 : 정이십면체의 변

$= \sqrt{AB^2 + AC^2} : \sqrt{AB^2 + BC^2}$

(2) 정십이면체의 표면적 : 정이십면체의 표면적

= 정육면체의 변 : 정이십면체의 변

(3) 정십이면체의 부피 : 정이십면체의 부피

= 정십이면체의 표면적 : 정이십면체의 표면적

(4) 정십이면체의 부피 : 정이십면체의 부피

$= \sqrt{AB^2 + AC^2} : \sqrt{AB^2 + BC^2}$

# 15권

유클리드의 [기하학 원론] 13권에 이어 정다면체들을 다룬 내용이 두 권 있는데, 이른바 14권은 앞에서 살펴보았다. 15권의 내용은 14권에 비해서 훨씬 값어치가 떨어진다. 그리 흥미롭지 않은 내용으로 되어 있으며, 그 내용이 불명확하거나 틀린 부분도 많이 있다. 그것은 세 부분으로 구성되어 있으며, 길이가 제각각이다.

첫 번째 부분은 정다면체를 다른 정다면체 속에 내접시키는 방법을 다루고 있다.

(가) 정사면체를 정육면체에 내접시키는 방법.

(나) 정팔면체를 정사면체에 내접시키는 방법.

(다) 정팔면체를 정육면체에 내접시키는 방법.

(라) 정육면체를 정팔면체에 내접시키는 방법.

(마) 정십이면체를 정이십면체에 내접시키는 방법.

두 번째 부분은 다섯 종류의 정다면체들의 변(모서리)의 개수와 꼭짓점의 개수를 계산하는 방법을 다루고 있다.

세 번째 부분은 정다면체의 인접한 두 면이 만드는 각을 구하는 방법을 다루고 있다. 그 방법은, 이등변삼각형을 만들어서, 그 꼭지각이 두 면이 만드는 각과 크기가 같도록 하는 것이다. 어떤 변(모서리)의 중점을 잡은 다음, 그 변을 만드는 두 면에 놓이고 그

변에 수직이 되도록 두 개의 선분을 긋는다. 이 두 선분이 만드는 각은 두 면이 만드는 바로 그 각이다. 이 두 선분은 이등변삼각형의 길이가 같은 두 변이 된다. 이등변삼각형의 밑변은, 그 정다면체에 대해서 알고 있는 성질들을 써서 쉽게 구할 수 있다.

이렇게 이등변삼각형들을 작도하는 방법을 모두 한꺼번에 일반적인 형태로 제시해 놓았다. 이 부분에 흥미로운 언급이 나온다. 이 방법은 "우리의 위대한 스승인 이시도루스"가 만들었다는 것이다. 이 이시도루스(Isidorus)는 밀레투스의 이시도루스를 가리킴이 확실하다. 그는 콘스탄티노플에서 성 소피아 교회를 건축하였으며(서기 532년 무렵), 유토키우스(Eutocius)는 그의 제자였다. 유토키우스는 그를 가리켜 '오 위대한 기술자 이시도루스 우리의 스승'이라고 부르곤 했다. ([Comm. on Archimedes]) 어쨌든, 세 번째 부분은 이시도루스의 제자가 6세기 무렵에 쓴 것임이 확실하다.

클루게(Gustav Kluge)는 세 부분의 말투라든가 형태를 자세히 연구하였는데, 여러 사람들이 쓴 게 아닌가 하고 조심스럽게 추측하였다. (클루게가 쓴 [De Euclidis elementorum libris qui feruntur], Leipzig, 1891 참조.) 첫 번째 부분은 3세기말(파푸스의 시대)에 쓴 것 같고, 두 번째 부분도 세 번째 부분보다는 오래 된 것 같다고 추측하였다. 그러나 훌트쉬(Hultsch)는 그의 주장이 설득력이 없다고 여겼다.

꼭지각의 크기가 정다면체의 이웃한 두 면이 만드는 각과 크기가 같은, 그러한 이등변삼각형들을 만드는 이시도루스의 방법을 소개하겠다. 어떤 선분을 밑변으로 잡는다. 양 끝점을 각각 중점으로 해서, 다른 적당한 선분을 반지름으로 해서 원들을 그린다. 이 두 원이 만나는 점이 이등변삼각형의 꼭짓점이 된다. 정육면체의 경우는 물론 직각 이등변삼각형이 된다. 다른 정다면체들의 경우, 밑변과 두 개의 등변 사이의 관계는 다음과 같다.

(가) 정사면체.

삼각형 면의 한 변이 이등변삼각형의 밑변이 된다. 삼각형 면의 꼭짓점에서 그 면의 밑변으로 그은 수직선이 이등변삼각형의 등변이 된다.

(나) 정팔면체.

삼각형 면의 한 변을 변으로 가지는 정사각형의 대각선이 이등변삼각형의 밑변이 된다. 등변은 (가)와 마찬가지.

(다) 정이십면체.

정이십면체의 변(모서리)들이 만드는 정오각형(정이십면체의 정오각형)에서, 인접하지 않은 두 꼭짓점을 잇는 선분이 이등변삼각형의 밑변이 된다. 등변은 (가), (나)와 마찬가지.

(라) 정십이면체.

오각형 면에서 인접하지 않은 두 꼭짓점을 잇는 선분(13권 법칙 17의 그림에서 BC)이 이등변삼각형의 등변이 된다. 인접하지 않은 두 꼭짓점을 잇는 선분의 중점으로부터, 그 선분에 평행한 변으로 그은 수직선(13권 법칙 17의 그림에서 HX)이 이등변삼각형의 등변이 된다.

# Euclidean Geometry

# 주요 수학자, 편찬가 및 주석자 소개

## ㄷ

**데모크리투스** (Democritus, B.C. 460 ~ B.C. 370) : 고대 그리스의 철학자. '원자론'으로 유명하다.

## ㄹ

**르장드르** (Adrien Marie Legendre, 1752 ~ 1833) : 프랑스의 수학자.

## ㅂ

**바실리데스** (Basilides of Tyre) : 고대 그리스의 철학자, 수학자. 생몰 연대 불확실함.

**브레트슈나이더** (Carl Anton Bretschneider, 1808 ~ 1878) : 독일의 수학자로서, 기하학, 기하학의 역사, 정수론을 연구하였다.

## ㅅ

**심슨** (Robert Simson, 1687 ~ 1768) : 스코틀랜드의 수학자. 글래스고우 대학 교수. 1756년에 [기하학 원론]의 앞부분 여섯 권을 영어와 라틴어로 번역, 출판하였으며, 1762년에 유클리드의 [Data]를 출판하였다. 이 책들은 영국에서 유클리드의 표준 교재로서 오랜 세월 널리 사용되었다.

**심플리치우스** (Simplicius of Cilicia, 490 ~ 560) : 로마 제국 시대의 신플라톤주의 철학자. 고대의 마지막 위대한 철학자로서, 아리스토텔레스의 저술들에 대하여 많은 해설을 남겼다.

## ㅇ

**아르키메데스** (Archimedes, B.C. 287 ~ B.C. 212) : 고대 그리스의 위대한 수학자, 물리학자. 뉴턴, 가우스와 더불어 역사상 가장 위대한 3대 수학자로 간주된다. 소진법을 사용하여 정적분의 기법을 완성하였으며, 구의 부피와 겉넓이를 구하였다. [구와 원기둥], [포물선 도형의 넓이], [평면들의 평형], [원뿔과 회전체], [원의 측정], [모래알 세기], [Method] 등등의 저서를 남겼다.

**아리스타유스** (Aristaeus the Elder, B.C. 370 ~ B.C. 300) : 고대 그리스의 수학자. 원뿔곡선을 연구하였다.

**아리스토텔레스** (Aristoteles, B.C. 384 ~ B.C. 322) : 고대 그리스의 위대한 철학자. 플라톤의 제자. [형이상학], [자연학], [천체론], [영혼에 관하여], [변증론], [문제집], [범주론], [분석론 전서], [분석론 후서], [기상학], [니코마쿠스 윤리학] 등등 많은 저서를 남겼다.

**아폴로니우스** (Apollonius of Perga, 서기전 3세기말 무렵) : 고대 그리스의 수학자. 원뿔곡선을 연구한 것으로 유명하다.

**에라토스테네스** (Eratosthenes of Cyrene, B.C. 276 ~ B.C. 194) : 고대 그리스의 수학자, 천문학자, 지리학자, 음악 이론가. 지구의 크기를 최초로 측정하였으며, 홀수들을 걸러내는 '에라토스테네스의 체'로 유명하다.

**올만** (George Johnston Allman, 1824 ~ 1904) : 아일랜드의 수학자, 수학사학자. [Greek Geometry from Thales to Euclid]를 저술하였다.

**유데무스** (Eudemus of Rhodes, B.C. 370 ~ B.C. 300) : 고대 그리스의 철학자. 아리스토텔레스의 제자. 아리스토텔레스의 저작들을 편찬하였으며, [기하학의 역사], [산술학의 역사], [천문학의 역사]를 저술하였다.

**유독수스** (Eudoxus of Cnidus, B.C. 390 ~ B.C. 337) : 고대 그리스의 철학자, 수학자. 플라톤의 제자. 유리수들로써 같이 잴 수 없는 양들에 대해서도 적용할 수 있는 올바른 비율 이론을 정립하였다.

**유토키우스** (Eutocius of Ascalon, 480 ~ 540) : 팔레스타인 출생의 수학자. 아르키메데스, 아폴로니우스의 저작들에 대한 주석을 남겼다.

**이시도루스** (Isidorus of Miletus) : 중세의 건축가.

## ㅈ

**제미누스** (Geminus of Rhodes, ? ~ 서기전 1세기 무렵) : 고대 그리스의 수학자, 천문학자. 그의 저서는 사라지고 없지만, 프로클루스, 유토키우스 등등 후대 학자들의 저서들을 통해서 그 내용이 전해 내려온다.

## ㅋ

**카발리에리** (Bonaventura Francesco Cavalieri, 1598 ~ 1647) : 이탈리아의 수학자. 정적분에서 '카발리에리의 원리'로 유명하다.

**칸토어** (Moritz Cantor, 1829 ~ 1920) : 독일의 수학사학자. [Geschichte der Mathematik]을 저술하였다. 집합론을 창시한 '게오르그 칸토어'와는 다른 인물임.

**클라비우스** (Christopher Clavius, 1538 ~ 1612) : 독일의 예수회 신부, 수학자, 천문학자. 1574년에 [기하학 원론]을 편찬, 출판하였다.

**클루게** (Gustav Kluge) : 독일의 수학자.

**테아에테투스** (Theaetetus of Athens, B.C. 417 ~ B.C. 368) : 고대 그리스의 수학자. 무리수를 연구하였으며, 정다면체는 다섯 개임을 증명하였다. 소크라테스와 플라톤의 친구로서, 플라톤의 책 [테아에테투스]에서 소크라테스와 토론을 하는 상대로 등장한다.

**테오도시우스** (Theodosius of Bithynia, B.C. 160 ~ B.C. 100) : 고대 그리스의 천문학자, 수학자.

**테온** (Theon of Smyrna, ? ~ 서기 100년 무렵) : 고대 그리스의 철학자, 수학자. 플라톤 철학에 대한 해설을 남겼다.

**테온** (Theon of Alexandria, 335 ~ 405) : 로마 제국 시대, 이집트 알렉산드리아의 수학자. [기하학 원론]을 편찬하였으며, 유클리드, 프톨레미의 저작들에 대해서 해설을 남겼다.

**테일러** (Henry Martyn Taylor, 1842 ~ 1927) : 영국의 수학자, 법률가.

**트로틀라인** (P. Treutlein) : 독일의 수학자.

## ㅍ

**파푸스** (Pappus of Alexandria, 290 ~ 350) : 로마 제국 시대, 이집트 알렉산드리아의 수학자. 고대의 마지막 위대한 수학자로서, 여러 수학 분야를 망라한 방대한 저작을 남겼다.

**프로클루스** (Proclus Lycaeus, 412 ~ 485) : 신플라톤주의 철학자. 고대의 마지막 위대한 철학자 중의 한 명이며, 신플라톤주의 철학을 완성하였다. 중세 서양 철학에 크게 영향을 끼쳤다.

**플라톤** (Platon, B.C. 428 ~ B.C. 348) : 고대 그리스의 위대한 철학자. 소크라테스의 제자, 아리스토텔레스의 스승. 아테네에 아카데미를 설립하였으며, 철인 정치를 주장하였다. [테아에테투스], [소피스트], [법률], [국가론] 등등의 저서를 남겼다.

**플루타크** (Lucius Mestrius Plutarch, 46 ~ 120) : 로마 제국 시대의 철학자, 역사가. 그리스와 로마의 위인들을 비교하여 기술한 [플루타크 영웅전]으로 유명하다.

**피타고라스** (Pythagoras of Samos, B.C. 570 ~ B.C. 495) : 고대 그리스의 위대한 수학자, 철학자. 그의 사상은 플라톤에 의해 계승되어 서양 철학에 지대한 영향을 끼쳤다. 수학에서는 '피타고라스의 정리'로 유명하다.

## ㅎ

**하이베르그** (Johan Ludvig Heiberg, 1854 ~ 1928) : 덴마크의 역사가, 고문헌학자. [기하학 원론]을 번역, 편찬하였다.

**헤론** (Heron of Alexandria, 10 ~ 70) : 로마 제국 시대, 이집트 알렉산드리아의 수학자, 공학자.

**헨리씨** (Olaus Magnus Friedrich Erdmann Henrici, 1840 ~ 1918) : 독일인 수학자. 런던 대학 교수.

**훌트쉬** (Friedrich Hultsch, 1833 ~ 1906) : 독일의 고문헌학자, 수학사학자.

**히파수스** (Hippasus of Metapontum, 서기전 3세기 무렵) : 고대 그리스의

피타고라스 학파 철학자.

**히포크라테스** (Hippocrates of Chios, B.C. 470 ~ B.C. 410) : 고대 그리스의 수학자, 천문학자. 활꼴의 넓이를 구한 것으로 유명하며, '의사 히포크라테스'와는 다른 인물임.

**히프시클레스** (Hypsicles, B.C. 190 ~ B.C. 120) : 고대 그리스의 수학자, 천문학자.

제2판

# 기하학원론 ㉳ 제 12, 13 권

**제2판발행** 2019년 1월 25일

**지은이** 유클리드
**옮긴이** 이무현
**펴낸이** 오판근
**펴낸곳** (주) 교우
**주 소** 서울시 동대문구 약령시로 8 교우빌딩 2층 (주)교우
**전 화** 02-925-2861 / **팩 스** 02-925-2860. **편집부** 02-925-2825
**홈페이지&북스토어** www.kyowoo.co.kr / **이메일** kyowoo@kyowoo.co.kr

**등 록** 1994년 3월 24일 제1994-000013호
**ISBN** 979-11-251-0269-4 (44410) / 979-11-251-0241-0 (세트)

Published by Kyowoo Co., Ltd. Printed in Korea


**값 19,000원**

**교우미디어는 (주) 교우의 Imprint 사입니다.**
**수학정원·과학정원은 (주) 교우의 새로운 브랜드명입니다.**

잘못된 책은 구입하신 서점에서 교환해 드립니다.